Ingo Froböse

Die Stimme unseres Körpers

ullstein extra

PROF. DR. INGO FROBÖSE

DIE STIMME UNSERES KÖRPERS

Wie wir seine Signale besser verstehen und unsere Gesundheit schützen

ullstein extra

Ullstein extra ist ein Verlag der Ullstein Buchverlage GmbH
www.ullstein-extra.de

ISBN 978-3-86493-357-8

Mitarbeit am Text: Ulrike Schöber, Dortmund
Lektorat: Vera Baschlakow
Bildnachweise: S. 32: © Lifeking / Adobe Stock; S. 103: © vasilisatsoy / Adobe Stock; S. 148: © Adobe.com

Bei Fragen zur Produktsicherheit wenden Sie sich bitte an
produktsicherheit@ullstein.de

Gesetzt aus der Kepler, DK Zealand und Agenda
Satz: Savage Types Media GbR, Berlin
Druck und Bindung: CPI books GmbH, Leck

INHALT

Vorwort

Besser fühlen, besser leben: die Bedeutung der Körperwahrnehmung

Das Herz schlägt schnell, die Hände fühlen sich schwitzig an, und die Haut im Gesicht scheint rot zu glühen – so etwas haben Sie bestimmt schon erlebt: vor einer Rede, einem Vorstellungsgespräch oder einem Date. Sie waren aufgeregt und haben es in jeder Zelle Ihres Körpers gespürt. Das ist eine Stimme Ihres Körpers, die Sie gar nicht ignorieren können. So laut und deutlich spricht er jedoch nur selten mit uns. Viel öfter sind seine Signale zart und leise – und deswegen auch leicht zu überhören in einem Alltag voller Reize von außen, die unsere Aufmerksamkeit oft lautstark einfordern.

Sie selbst schaffen es kaum, auf alle Anforderungen, die von außen an Sie herangetragen werden, immer angemessen zu reagieren, und jetzt sollen Sie auch noch die Zeichen Ihres Körpers wahrnehmen? Ja, bitte. Und nicht nur das: Sie sollen bitte auch noch darauf reagieren. Wenn Sie das nicht gewohnt sind, erfordert es anfangs schon etwas Übung. Aber ich verspreche Ihnen: Es lohnt sich! Oder besser: Sie belohnen sich dadurch selbst – mit mehr Entspannung und Zufriedenheit, mehr Vitalität und mehr Gesundheit.

Warum kann ich Ihnen guten Gewissens ein so großes Versprechen geben? Ich weiß aus eigener Erfahrung und aus zahlreichen wissenschaftlichen Studien: Wer die feinen, leisen Stimmen seines Körpers wahrnimmt und danach handelt, lebt im Einklang mit seinem tiefen Inneren, also mit Körper, Geist und Seele. Er trifft Entscheidungen, die nicht im Widerspruch zu seinen körperlichen Bedürfnissen oder zu seinen tiefen inneren Überzeugungen stehen – und das hält uns gesund. Beides – die Erfüllung unserer körperlichen Bedürfnisse und unserer inneren Überzeugungen – bildet die Basis für ein zufriedenes und vitales Leben.

Tatsächlich ist es nicht immer leicht, in der alltäglichen Hektik von Familie und Beruf auf den eigenen Körper und seine feinen Zeichen zu achten und auf diese Botschaften dann noch passend zu reagieren. Manchmal klappt es einfach nicht. Wenn das nur gelegentlich vorkommt, ist es meist verzeihlich, denn unser Organismus kann viele innere Ungleichgewichte auch so wieder ins Lot bringen und gut weiterfunktionieren.

Aber auf Dauer klappt das nicht. Das sehen Sie an der Erkältung, die Sie am Wochenende heimsucht, an Muskelverspannungen, die bis zum Hexenschuss führen, oder – wenn Sie körperliche Signale sehr lange ignorieren und es schlimm kommt – an dauerhaften Problemen wie Reizmagen, Burn-out oder Tinnitus. Grundsätzlich können alle Systeme unseres Organismus betroffen sein, wie Sie beim Lesen noch sehen werden. Wie sich unser Körper meldet, ist vor allem eine Typfrage und eine Frage des Lebensstils.

Wenn Sie verstehen, warum Ihr Körper stetig nach Balance, der sogenannten Homöostase, strebt, welche Systeme daran beteiligt sind, was dabei im Nervensystem und im Gehirn los ist, dann werden Sie automatisch sensibler für das Flüstern und das Rufen Ihrer Zellen – und es fällt Ihnen leichter, darauf zu reagieren.

UNVERZICHTBAR UND ENG VERNETZT –

DIE GROSSEN ACHT KÖRPERSYSTEME

Unser Körper setzt sich aus etwa 100 Billionen Körperzellen zusammen, die sich teilweise gravierend durch ihre spezialisierten Funktionen in ihrer Art und Wechselwirkung voneinander unterscheiden. Diese Zellen bestimmen die Funktionen von Gewebe und Organen. Der menschliche Organismus kann deswegen als ein hochkomplexes System mit unzählig vielen kleinen Untereinheiten verstanden werden, in dem ganz verschiedene biologische Körpersysteme zusammenarbeiten müssen. Das gemeinsame Ziel aller Systeme ist, sämtliche Funktionen und insbesondere den Stoffwechsel des Körpers zu steuern und aufrechtzuerhalten, um unser Leben und unser Überleben zu sichern. Das muss immer funktionieren – unabhängig davon, ob wir schlafen, Sport treiben, in der Antarktis wohnen, auf Mallorca am Strand liegen, auf den Mount Everest steigen, tauchen oder arbeiten.

Das erfordert eine sehr differenzierte Kommunikation auf zellulärer und zentraler Ebene, denn acht völlig unterschiedliche Systeme müssen dafür fein aufeinander abgestimmt sein und zusammenarbeiten:

- **Nervensystem:** Das Nervensystem ist das größte und wichtigste Informationssystem unseres Körpers (und steht im

Mittelpunkt dieses Buchs). Es erfasst, verarbeitet und überträgt Informationen sowohl durch chemische als auch durch elektrische Signale. Beim Nervensystem unterscheiden wir das zentrale Nervensystem, bestehend aus Gehirn und Rückenmark, vom peripheren Nervensystem, das mit seinen Nerven den ganzen Körper versorgt. Das Nervensystem steuert zum Beispiel die Bewegungen und damit unsere gesamte Motorik, es reguliert die Tätigkeit von Organen, steuert unsere Reflexe und lässt uns Reize wie Kälte oder Wärme, Schmerz oder auch Bewegung wahrnehmen.

- **Sensorische Systeme:** Unsere Sensorik ist für die Wahrnehmung von Reizen aus der Umwelt und aus dem Körperinneren verantwortlich. Das sensorische System ist sehr eng mit unserem Nervensystem verbunden und besteht aus mehreren Untersystemen. Dazu zählen insbesondere das visuelle System für das Sehen, das auditive System für das Hören, das olfaktorische System für das Riechen, das gustatorische System für das Schmecken und das somatosensorische System für das Tasten. Hauptaufgabe der Sensorik ist die Erfassung und die Verarbeitung von Reizen aus der Umgebung, die einerseits für die Interaktion mit der Umwelt wichtig sind und gleichzeitig auch für unsere Sicherheit und unser Überleben sorgen. Das somatosensorische System ist für die Körperwahrnehmung besonders bedeutsam, weil es für die Wahrnehmung von Reizen aus dem Körperinneren sowie für die Interaktion des Körpers verantwortlich ist.
- **Endokrines System:** Unser endokrines System setzt zur Kommunikation Hormone ein, die über den Blutkreislauf Informationen zu verschiedenen Körperteilen oder Organen bringen. Hormone sind biochemische Botenstoffe, die

von speziellen endokrinen Drüsen produziert und ausgeschüttet werden, beispielsweise von der Schilddrüse, der Hypophyse oder den Nebennieren. Hormone regulieren viele Stoffwechselprozesse, aber auch unsere körperliche und geistige Entwicklung, unser Wachstum, unsere Sexualität, unsere Stressreaktion und selbst unseren Biorhythmus mit den Schlafzyklen.

- **Immunsystem:** Das Immunsystem schützt uns vor Krankheitserregern wie Bakterien, Viren und Pilzen. Unser Abwehrsystem erkennt und bekämpft diese Eindringlinge durch spezialisierte Zellen und Moleküle, die über ein ausdifferenziertes Kommunikations- und Informationsnetzwerk kontrolliert und gesteuert werden.
- **Kardiovaskuläres System:** Unser kardiovaskuläres System, das Herz-Kreislauf-System, verteilt Nährstoffe, Sauerstoff und auch die Hormone im Körper und bringt sie dorthin, wo sie benötigt werden. Gleichzeitig transportiert es auch Verbrauchtes ab. Dadurch garantiert es die Versorgung unserer Zellen mit den lebenswichtigen Stoffen, reguliert die Körpertemperatur und hält das so wichtige Säure-Basen-Gleichgewicht im Körper aufrecht oder stellt es wieder her.
- **Verdauungssystem:** Unser Verdauungssystem verarbeitet die Nahrung, um wichtige Nährstoffe aufzunehmen und Abfallstoffe auszuscheiden. Das System steuert die Aufnahme und die Verteilung der Energie, reguliert darüber unseren Metabolismus, also den Stoffwechsel, und ist auch beteiligt an der Signalgebung für Sättigung und Hunger.
- **Exkretorisches System:** Dieses System reguliert den Wasser- und den Salzhaushalt des Körpers und entfernt Gift- und Abfallstoffe. Damit trägt es zur Entgiftung des

Körpers, aber auch zur Regulation des Blutdrucks und insbesondere zur Aufrechterhaltung des Elektrolythaushalts bei.
- **Reproduktionssystem:** Unser Fortpflanzungssystem ist für die Erzeugung von Nachkommen verantwortlich. Es dient der Produktion von Geschlechtszellen (Spermien und Eizellen), der Hormonproduktion sowie der Regulation von Schwangerschaft und Geburt.

All diese Informations- und Steuerungssysteme sind eng miteinander vernetzt und interagieren kontinuierlich miteinander. So kann das Nervensystem unter anderem den Stoffwechsel regeln und so die hormonellen Antworten des endokrinen Systems steuern, während das Immunsystem auf spezielle Signale des Nervensystems reagiert, um Entzündungen oder auch Heilungsprozesse zu kontrollieren. Die Kommunikation und das Gleichgewicht zur Steuerung des Metabolismus sowie der einzelnen Organe und eine Abstimmung zwischen diesen Systemen sind entscheidend für unsere Gesundheit und unser Überleben.

GUT aufeinander ABGESTIMMT

Zum Glück müssen wir uns normalerweise keine Gedanken um die Harmonie und das Gleichgewicht sowie die Abstimmung all dieser Systeme untereinander machen. Egal, in welcher Situation wir uns befinden, der Organismus hat auf alles eine Antwort und stimmt die jeweiligen Systeme feinfühlig aufeinander ab. Dadurch erreicht er immer wieder sein Grundziel, die Homöostase – Sie erinnern sich.

Wenn Sie zum Beispiel eine Treppe hochgehen, dann benötigt die Muskulatur von der einen auf die andere Sekunde mehr Energie. Kein Problem: Sofort wird die Durchblutung hochgefahren, die Blutgefäße werden weiter gestellt, die Herzfrequenz steigt, um mehr Sauerstoff zu transportieren, und auch die Atemfrequenz wird erhöht, damit die beanspruchte Muskulatur mehr Sauerstoff bekommt. All das geschieht völlig automatisch und superschnell. Auch wenn Sie sich in den Finger geschnitten haben, löst das Immunsystem unmittelbar eine Kaskade an Reaktionen und Aufgaben aus, damit diese Wunde möglichst schnell geschlossen und repariert wird. Nach einigen Tagen ist nichts mehr zu sehen – wie ein Wunder!

Die meisten Informations- und Steuerungsprozesse laufen also komplett ohne unseren Einfluss ab, unbewusst und automatisch. Zum Glück! Stellen Sie sich kurz Folgendes vor: Sie müssten Ihrem Herz jedes Mal den Befehl geben, schneller zu schlagen, wenn Sie Sport treiben. Gleichzeitig dürften Sie die Atmung und die Blutgefäße nicht vergessen. Oder Sie müssten darüber entscheiden, wann und wie der Abtransport von Nahrungsbestandteilen aus der Zelle erfolgt. Energie dafür müssten Sie auch noch rund um die Uhr produzieren, und zwar etwa 60 bis 80 Kilogramm Energie jeden Tag. All das und vieles mehr bewusst schaffen zu müssen, ist eine Horrorvorstellung! Unser Organismus leistet täglich völlig unbemerkt Großartiges, wenn er unsere Körperfunktionen ganz allein regelt und damit unser Leben garantiert. Verantwortlich dafür ist das sogenannte vegetative Nervensystem (VNS), während das somatische Nervensystem (SNS) für die bewussten Abläufe in unserem Körper zuständig ist. Auf beide kommen wir später noch genauer zu sprechen.

Unterschiede zwischen VNS und SNS

Während das vegetative Nervensystem (VNS) den Körper automatisch reguliert, ermöglicht das somatische Nervensystem (SNS) gezielte und bewusste Interaktionen mit der Umwelt.

Vegetatives Nervensystem (VNS):

- Steuert unbewusste, automatische Körperfunktionen (wie Herzschlag, Atmung, Verdauung).
- Besteht aus Sympathikus (aktiviert den Körper, etwa bei Stress) und Parasympathikus (beruhigt den Körper, etwa in Ruhephasen).
- Besteht aus zentralen (Gehirn, Rückenmark) und peripheren Teilen (Nerven, die Organe versorgen).

Somatisches Nervensystem (SNS):

- Steuert bewusste Bewegungen und Sinneswahrnehmungen.
- Enthält motorische Nerven (für Muskelbewegungen) und sensorische Nerven (für Reize wie Schmerz, Temperatur, Berührung).
- Funktioniert willentlich, also mit bewusster Steuerung.

ZIEL ALLER KÖRPER-KOMMUNIKATION:
Homöostase und Allostase

Unser Organismus ist relativ einfach gestrickt. Er möchte möglichst ungestört seinen Job erledigen und dabei keine unnötige Energie verbrauchen. Er tut also alles dafür, dass sich die Körperfunktionen im Gleichgewicht befinden. Sollten diese einmal durch Stress, durch Hitze, durch zu viel oder zu wenig Bewegung oder durch starke Emotionen aus dem Ruder laufen, dann unternimmt er zunächst alles, um seinen aktuellen Bedarf zu erfüllen. Wenn Sie beispielsweise lossprinten, um Ihren Zug noch zu bekommen, fährt der Organismus umgehend den Kreislauf hoch, damit Ihre Muskeln gut versorgt werden. Aber er ergreift auch Sofortmaßnahmen, um das Ganze schnell wieder in den ursprünglichen Normalzustand zurückzuführen. Wenn Sie also Ihren Sprint beenden, fährt der Kreislauf runter, und nach kurzer Zeit atmen Sie wieder normal. Diesen Normalzustand beziehungsweise dieses aktuelle Gleichgewicht nennen wir in der Wissenschaft Homöostase.

Die Homöostase ist also das fundamentale Prinzip, nach dem der Körper seine inneren Bedingungen innerhalb bestimmter enger physiologischer Grenzen stabil hält, um optimal funktionieren zu können. Er muss all seine physiologischen Prozesse wie Temperatur, pH-Wert, Blutzuckerspiegel, Flüssigkeitsbalance und Elektrolytkonzentrationen konstant halten. Nur wenn sie alle fein abgestimmt und in Balance sind, kann unser Leben dauerhaft und nachhaltig stattfinden.

Die Homöostase wird dabei durch »negative Rückkopplungsschleifen« erreicht. Wenn beispielsweise die Körpertemperatur steigt, reagiert der Körper mit Mechanismen wie Schwitzen, um die Temperatur wieder zu senken. Umgekehrt führt eine Senkung der Körpertemperatur zu einem muskulären Zittern, um Wärme zu erzeugen. Oder wenn durch eine zuckerreiche und nährstoffarme Ernährung der pH-Wert ins saure Milieu verschoben wird, ergreift der Körper sofort Maßnahmen, um wieder einen neutralen pH-Wert zu erreichen. Dazu entzieht er unseren Knochen wichtige Mineralien, weil diese das saure Milieu neutralisieren. Er opfert also quasi die Festigkeit der Knochen der übergeordneten Bedeutung des pH-Werts. Das Ziel der Homöostase ist es also, unter allen Umständen und egal, was es kostet, stabile innere Bedingungen aufrechtzuerhalten, die für das (zelluläre) Überleben notwendig sind.

Doch unser Körper ist schlau und besitzt auch die Fähigkeit, sich anzupassen, wenn Veränderungen und Situationen immer wiederkehren. Das erleben Sie zum Beispiel regelmäßig, wenn Sie sich im Winter nach einigen Tagen langsam an die Kälte oder im Urlaub in südlichen Gefilden an die hohen Temperaturen gewöhnt haben. So gelingt es dem Organismus trotz der Veränderungen, langfristig in der Homöostase zu bleiben – nur eben auf einem anderen Niveau. Im Sport nennen wir eine solche nachhaltige und langfristige Anpassung Trainingseffekt, in der Biologie heißt sie Allostase.

Der Begriff Allostase beschreibt dementsprechend die Fähigkeit des Körpers, sich nachhaltig an wechselnde Bedingungen und Stressfaktoren anzupassen, indem er die internen Systeme verändert, dadurch wieder die Homöostase erreicht und auf dem neuen Niveau aufrechterhält. Der Körper kann sich also dynamisch an eine sich ändernde Umgebung oder an verschiedene Anforderungen anpassen.

Die Allostase erfolgt dabei durch Angleichungen des Körpers, um vorübergehend oder längerfristig auf Stressoren zu reagieren. Diese Anpassungen können den Energieverbrauch, die Herzfrequenz, den Blutdruck und andere Körperfunktionen beeinflussen. Ein Beispiel ist die Ausschüttung von Stresshormonen wie Cortisol in stressigen Situationen, um den Körper auf eine Kampf-oder-Flucht-Situation vorzubereiten. Er schaltet also ein paar Gänge höher.

Das Ziel der Allostase ist es, die Homöostase selbst unter variablen Bedingungen aufrechtzuerhalten, indem sie den Körper auf sich verändernde äußere Einflüsse vorbereitet und diese kompensiert. Das kann dann sowohl in die positive, erwünschte Richtung kippen, wie bei den Trainingseffekten im Sport oder der Temperaturgewöhnung im Urlaub, als auch in die negative, wenn wir an chronischen Stress denken. Dann bleiben die Anpassungen auf einem ungünstigen, zu hohen Stresslevel, statt sich wieder herunterzuregulieren. Der Körper weiß sich nicht anders zu helfen und verschiebt die Homöostase auf eine Ebene, die zwar den Anforderungen der Ausgangssituation angemessen entspricht, die aber langfristig eher nachteilig ist, weil sie zu viel Energie verbraucht. Was kurzfristig okay ist, wirkt im Fall von Stress auf Dauer schädlich.

Während die Homöostase einen konstanten Zustand anstrebt, sorgt die Allostase für eine dynamische Anpassung an sich veränderte Bedingungen. Beide Mechanismen ergänzen sich und arbeiten in der Regel ohne unser bewusstes Zutun. Nervensystem, endokrines System (Hormone) und Immunsystem spielen dabei eine wichtige Rolle. Das autonome Nervensystem steuert Homöostase und Allostase unbemerkt und selbstständig. So sichern beide seit Urzeiten unser Überleben unter verschiedenen Bedingungen. In diesem Spiel von Gleichgewicht und Ungleichgewicht spielen der Sympathikus und der Parasympathikus (siehe Seite 66) eine ganz entscheidende Rolle.

INTEROZEPTION –
Schlüssel zur inneren Einsicht

Spüren Sie Ihren Herzschlag? Bemerken Sie, wie tief Sie atmen oder ob Sie durstig sind? Oder ob Ihre Muskeln angespannt sind oder Sie flach atmen? All das gehört zur Interozeption. Es ist die Fähigkeit von uns Menschen, Körperzustände und ihre Veränderungen wahrzunehmen und zu interpretieren. Dazu gehören die Körperwahrnehmung, das emotionale Empfinden und Erleben sowie die Fähigkeit zur Selbstregulation.

Die Interozeption wird über das autonome Nervensystem und die sensorischen Nerven vermittelt, und diese Signale aus dem Inneren werden über afferente Bahnen an das Gehirn geleitet. In der Insula, einer kleinen Region im Gehirn, werden diese Signale verarbeitet und mit emotionalen oder kognitiven Prozessen verknüpft. Diese Verknüpfung mit gefühlsmäßigen Bewertungen im limbischen System ist für unser subjektives Erleben einer Veränderung oder eines Prozesses enorm wichtig.

Afferenz und Efferenz: unser interner Gesprächskreis

Unser Nervensystem funktioniert fein abgestimmt in zwei Richtungen: Einerseits werden Reize und Informationen aus der Peripherie aufgenommen, weitergeleitet und im zentralen Nervensystem analysiert. Andererseits werden Reaktionen und Befehle aus dem zentralen Nervensystem als Antwort in die Peripherie verschickt. Jene Nervenfortsätze (Axone), die Informationen zu einem Organ oder in die Peripherie bringen, nennen wir »efferent«, und »afferent« heißen die Informationen, die aus der Peripherie in das zentrale Nervensystem gebracht werden – von lateinisch *effere* »hinaustragen«, »hinausführen« und *affere* »hintragen, zuführen«.

Unser Nervensystem funktioniert wie ein kybernetischer Regelkreis oder ein »Gesprächskreis«, der ständig Informationen aufnimmt und verarbeitet sowie daraufhin bestimmte Reaktionen und Prozesse auslöst, die dann zu einer bestimmten Aktivität führen. So führt Stress als afferenter Impuls ins Nervensystem immer zu einer Ausschüttung von Energie und zur muskulären Anspannung oder Druck auf einen Körperabschnitt, was wiederum zu einer Bewegungsreaktion und damit zur Entlastung des Bereichs führt.

Wie schnell ein afferenter Impuls im ZNS ankommt, hängt von der Leitungsgeschwindigkeit der afferenten Fasern ab und ist vergleichbar mit einer Autofahrt: Es gibt auch in unserem Körper Autobahnen, Schnellstraßen oder auch nur schmale Landstraßen, bei denen der Weg immer etwas länger dauert. Die Leitungsgeschwindigkeit wird durch den Durchmesser sowie durch die Myelinisierung der jeweiligen Faser bestimmt und funktioniert nach dem Motto: Je dicker, desto schneller.

Ob wir lachen und wie wir lachen, wie wir gehen oder stehen, ist zwar zunächst nur eine efferente Information in den Körper und hier speziell an die ausführende Muskulatur, hat aber gleichzeitig auch einen afferenten Input, der uns die Tätigkeit wahrnehmen und emotional erleben lässt: Eine vor Freude sprühende Handlung wie Hüpfen, ein entspanntes, vitales Lächeln, eine inspirierende und anregende Präsentation hinterlässt über die Interozeption vitalisierende »Gute-Laune-Informationen« im Gehirn. Leider funktioniert das auch mit negativen efferenten Informationen wie den Sorgen, die uns auf den Schultern lasten und uns gebeugt gehen lassen, oder dem Verkrampfen bei ängstigenden Situationen. Das, was wir tun, und die Art, wie wir uns geben, wie wir reden, stehen, gehen oder auch sitzen, hat unmittelbar einen Einfluss auf das, was wir gerade wahrnehmen, und es beeinflusst, wie wir die Situation bewerten – in die eine oder andere Richtung.

Manchmal kann die Interozeption massiv gestört sein. Bei vielen psychischen oder psychosomatischen Problemen spielt dies eine wichtige Rolle: Bei ausgeprägten Essstörungen zum Beispiel ist die Wahrnehmung von Hunger- und Sättigungssignalen stark verzerrt. Bei Angststörungen wie der Hypochondrie besteht eine Überempfindlichkeit gegenüber körperlichen Signalen. Bei Depressionen oder auch bei verschiedenen Formen von Autismus kommt es häufig zu Schwierigkeiten in der Wahrnehmung und Interpretation interozeptiver Signale. Wenn die Interozeption gestört ist, dann entsteht bei den Betroffenen in der Regel ein völlig falsches Selbstbild, das die ursprünglichen Probleme noch verstärkt.

Sich selbst mittels Afferenz überlisten

Die Interozeption hat sich im Lauf der Evolution vor allem entwickelt, um lebenswichtige Körperfunktionen zu überwachen und zu regulieren. Sie hilft uns zunächst dabei, durch zum Beispiel Schmerzen, Durst und Hunger Bedrohungen für unser Leben zu erkennen. Nur dadurch können wir diese Gefahren abwehren, um das Gleichgewicht des Körpers, die Homöostase, in vielen biochemischen Funktionen aufrechtzuerhalten. Interozeption unterstützt uns aber auch dabei, Tätigkeiten mit unseren Erfahrungen und Emotionen zu verbinden.

Das Gute an der Interozeption ist, dass wir sie ganz bewusst nutzen, beeinflussen und üben können. Probieren Sie es doch jetzt einmal aus: Ziehen Sie Ihre Mundwinkel zu einem breiten Lächeln hoch und bleiben Sie einige Sekunden so. Was passiert? Das äußere Lächeln verwandelt sich in ein inneres. Vorher hatten Sie beim Lesen vermutlich eine neutrale innere Haltung, und nun fühlen Sie sich ein wenig fröhlicher.

Überlisten Sie sich selbst, indem Sie auf Ärger und Wut mit einem Lächeln reagieren oder indem Sie an einem »schlechten« Tag, an dem vielleicht unangenehme Ereignisse passiert sind, den Menschen – und sich selbst! – mit einer aufrechten Haltung und einer positiven Ausstrahlung begegnen. Das klingt ein wenig seltsam, wird aber funktionieren. Nur ein wenig Übung ist dafür notwendig. Es lohnt sich, auf negative Emotionen, auch wenn sie oft stark sind, mit »gegensätzlichen« (Bewegungs-)Handlungen zu antworten, denn negative Energien vermiesen uns nicht nur den Tag, sie schaden auch unserer Gesundheit.

Unsere individuelle Achtsamkeit können wir durch Methoden wie MBSR (Mindfulness-Based Stress Reduction, achtsamkeitsbasierte Stressreduktion), Meditation und Yoga fördern und darüber unsere Wahrnehmung innerer Zustände und also die Interozeption schärfen. Auch körperzentrierte Verfahren wie Feldenkrais oder die Alexander-Technik können helfen, die Wahrnehmung des Körpers und der inneren Zustände zu optimieren. (Viele dieser Kurse werden von den Krankenkassen finanziell unterstützt.) Wichtig ist, dass Interozeption immer durch die Förderung des Bewusstseins für sich selbst und die damit einhergehenden Veränderungen erfolgt.

Wir haben es also selbst in der Hand. Atemübungen, zum Beispiel kontrolliertes Atmen zur Wahrnehmung von Herzschlag- und Atemsignalen, Biofeedback-Methoden oder gar moderne Techniken der Neuromodulation wie die transkranielle Magnetstimulation (TMS) können sogar helfen, die Aktivität in zentralen Regionen des ZNS wie der Insula zu aktivieren. In den letzten Jahren werden zudem vermehrt VR-(Virtual-Reality)-Techniken angewandt, um die interaktiven Fähigkeiten in sehr realitätsnahen Szenarien zu schulen. Darüber hinaus können wir bewusst und zielgerichtet versuchen, in bestimmten therapeutischen oder präventiven Kontexten die Interozeption zu nutzen, um besonders bei Störungen der Eigenwahrnehmung oder bei psychischen Problemen und Krankheiten emotionale Veränderungen herbeizuführen.

Speziell die Tanz- und Bewegungstherapie scheint eine sehr gute Methode zu sein, um Bewegungsqualitäten hirnphysiologisch mit spezifischen Emotionen zu verknüpfen, wie es die Psychologin Sophia Estel von der Universität Marburg und Prof. Dr. Sabine Koch von der SRH Hochschule Heidelberg 2023 in der Zeitschrift *Die Psychotherapie* zusammenfassen. Wir verstärken dabei unsere Wut, unsere Ängste, unsere Trauer oder auch unsere Freude, indem wir dazu passende Bewegungsmuster ausführen, unsere emotionale Lage damit zeigen und hirnphysiologisch triggern. Nutzen wir beispielsweise freudvolle Bewegungsmuster, so wirkt sich dies auf unser ZNS aus und verändert unsere Stimmung, selbst wenn sie vorher getrübt und negativ war. Dahinter steckt, dass wir alle einzigartige Gruppierungen von bestimmten Bewegungen nutzen, um unsere Emotionen auszudrücken. Die Tanz- und Bewegungstherapie übt Bewegungsmuster und -komponenten ein und setzt sie zu Veränderungen im Sinne der Prävention oder Therapie von psychischen oder psychosomatischen Beschwerden ein.

Interozeption ist also immer ein Zusammenspiel aus biologischen, psychologischen und auch sozialen Faktoren. Sie kann durch gezielte Intervention geschärft oder reguliert werden. Das macht sie zu einem sehr vielversprechenden Ansatz für viele therapeutische Interventionen und auch zur Prävention. Die Stimmen unseres Körpers zu hören und sich dadurch wieder selbst verstehen zu lernen – das steht auch im Mittelpunkt dieses Buchs.

UNSER NERVENSYSTEM – SUPERCOMPUTER UND KOMMUNIKATOR DES KÖRPERS

Allein im Gehirn besitzen wir im Schnitt etwa 85 Milliarden Nervenzellen, sogenannte Neurone. Diese Neurone sind verantwortlich für die Verarbeitung und Weiterleitung der Informationen im Gehirn und auch im gesamten Körper. Für die Weiterleitung im Körper sorgen die Nervenbahnen, unsere Nervenfasern. Sie sind insgesamt etwa 500 000 km (!) lang. Diese riesige Zahl zeigt, wie weit verzweigt und vernetzt das Nervensystem im Körper ist. Diese Fasern verbinden das Gehirn und das Rückenmark, die unsere Hauptschaltzentralen sind, mit dem gesamten Körper, und darüber werden die Informationen ausgetauscht.

Dieser Supercomputer verarbeitet eine beeindruckende Menge an Daten. Schätzungen zufolge kann allein das Gehirn Informationen mit einer Geschwindigkeit von etwa 10 bis 100 Terabit pro Sekunde verarbeiten. Dazu gehören sensorische Verarbeitung, motorische Kontrolle, Gedächtnisabruf und andere kognitive Funktionen. Allerdings ist diese Zahl eher theoretisch, denn die Leistung des Gehirns lässt sich nicht so einfach auf digitale Systeme übertragen. Gehirn und Nervensystem bearbeiten nämlich nicht nur riesige Datenmengen, sondern ihre großartige Leistung ist auch dadurch gekennzeichnet, dass enorm viele komplexe Prozesse parallel ablaufen.

Neurogenese – neue Nervenzellen ein Leben lang!
Bis vor gar nicht so langer Zeit haben Wissenschaftler angenommen, dass die Neurogenese, die Bildung neuer Neuronen und Vorläuferzellen, auf die frühe Gehirnentwicklung im Kindesalter beschränkt ist. Heute wissen wir jedoch sicher, dass die Vorläuferzellen, die die Ventrikel im erwachsenen Gehirn auskleiden, ein Leben lang kontinuierlich neue Neuronen bilden. Jedoch erfolgt die Neurogenese im alternden Gehirn meist langsamer und in geringerem Umfang und vor allem, um Schäden im ZNS zu reparieren. Forscher um Prof. Charles Liu von der University of Southern California veröffentlichten dazu 2024 eine größere Studie. Dabei haben sie festgestellt, dass bei älteren Menschen die Neurogenese besonders durch verbales Lernen oder auch durch Lernen über Zuhören angeregt wird. Daher sollten wir gerade mit älteren Leuten sehr viel mehr reden, um bei ihnen Lernprozesse zu stimulieren, und weniger auf die visuelle Informationsvermittlung und Lehrmethodik zurückgreifen. Für das Gehirn gilt genauso wie für die Muskeln der alte Spruch: »Nur was genutzt wird, entwickelt sich, was ungenutzt wird, das verkümmert!«

Die Datenmenge, die das Nervensystem verarbeiten kann, variiert darüber hinaus natürlich je nach Aufgabe und Aktivität. Auch der Trainingszustand spielt eine Rolle. Zum Beispiel wird bei intensiver sensorischer Stimulation, wie beim Betrachten eines Computerspiels oder beim Ausführen mehrerer Aufgaben gleichzeitig, eine deutlich höhere Datenrate verarbeitet, während in Ruhephasen oder beim Lesen eines Buchs die Verarbeitung langsamer ist.

Aufgrund der Lage im Körper unterscheiden wir zwei Teile unseres Nervensystems:

- Das **zentrale Nervensystem (ZNS)** umfasst das Gehirn und das Rückenmark. Es wird von den knöchernen Höhlen des Schädels sowie der Wirbelsäule geschützt. Das ZNS besteht aus einem dichten Gewebe von Nerven- und sogenannten Gliazellen. (Alle Zellen, die keine Neurone sind, heißen Gliazellen.)
- Das **periphere Nervensystem (PNS)** findet sich im gesamten Körper in nahezu allen Bereichen des Organismus und besteht aus Nervensträngen und deren Verzweigungen, aus kleinen Anhäufungen von Nervenzellkörpern, den Ganglien, und aus Gliazellen. Es besteht aus zwei Teilen, und zwar aus dem somatischen (bewussten) und aus dem viszeralen (unbewussten) PNS. (Das viszerale Nervensystem wird oft auch als autonomes Nervensystem, ANS, bezeichnet.) Alle Anteile des PNS sind funktional direkt mit dem ZNS verbunden.

Unser Gehirn, das mit seinen zahlreichen Windungen wie eine große Walnuss aussieht, wird grob in folgende Bereiche mit ihren jeweils eigenen Funktionen unterteilt:

- **Großhirn:** Das Großhirn (Cerebrum) liegt am weitesten vorn und ist der größte Teil des Gehirns. Es ist in der Mitte durch eine deutlich erkennbare Furche in zwei Hälften geteilt. Die rechte Hirnhälfte empfängt die Sinneswahrnehmung der linken Körperhälfte und steuert deren Bewegungen. Entsprechendes gilt umgekehrt für die linke Hirnhälfte.

- **Kleinhirn:** Unmittelbar hinter dem Cerebrum befindet sich das Kleinhirn (Cerebellum). Es ist zwar deutlich kleiner als das Großhirn, enthält aber trotzdem genauso viele Neuronen! Das Kleinhirn hat vor allem für die Bewegungskontrolle besondere Bedeutung. So besitzt es unzählige Verbindungen direkt zum Großhirn und zum Rückenmark. Interessanterweise und im Unterschied zu den Großhirnhälften ist beim Kleinhirn die linke Seite auch für die linke Körperhälfte und die rechte für die rechte Körperseite zuständig.
- **Hirnstamm:** Der restliche Teil des Gehirns heißt Hirnstamm und ist ein komplexes Gebilde aus Fasern und Zellen. Er hat die Aufgabe, Informationen vom Großhirn ans Rückenmark und ans Kleinhirn weiterzuleiten sowie in umgekehrter Richtung aufzunehmen. Im Hirnstamm werden sämtliche Vitalfunktionen wie Atmung, Körpertemperatur, Blutdruck und viele weitere lebensnotwendige Systeme reguliert. Der Hirnstamm gilt zwar als recht primitiver Teil des Gehirns, besitzt jedoch für das Überleben die größte Bedeutung. Wir können eine Schädigung im Groß- oder auch Kleinhirn durchaus überleben, aber eine Schädigung des Hirnstamms führt unmittelbar zum Tod. Der Hirnstamm reguliert die wichtigsten unbewussten Steuerungs- und Regulationssysteme unserer großen acht Informationssysteme.

Mit dem Hirnstamm ist das Rückenmark verbunden. Diesen zweiten großen Teil des zentralen Nervensystems umgeben die knöchernen Strukturen der Wirbelsäule fast vollständig, um ihn zu schützen. Das Rückenmark ist für mich quasi der Server und die Datenbank unseres Körpers, weil dort sämtliche Informationen von Muskeln, Gelenken und auch von der Haut zusammenlaufen und bereits dort einer ersten Analyse unterzogen werden. Durch eine Quetschung oder eine Durchtrennung des Rückenmarks verlieren wir die Sinneswahrnehmung der Haut sowie die Beweglichkeit von Muskeln, und zwar in jenen Körperbereichen, die kaudal zur betroffenen Stelle liegen. Eine Lähmung bedeutet übrigens nicht immer, dass die Muskeln nicht mehr funktionieren würden, aber sie werden nicht mehr vom Gehirn kontrolliert, und das führt zur fehlenden Kommunikation von Muskeln und ZNS.

Anatomische Bezugspunkte im Gehirn

Als Orientierung im Gehirn dienen Begrifflichkeiten wie anterior (weiter vorn), posterior (weiter hinten), kaudal (fußwärts), kranial (kopfwärts), dorsal (zur Rückseite), ventral (zur Vorderseite), medial (mittig) oder lateral (seitlich).

Das Rückenmark kommuniziert mit dem gesamten Körper über die sogenannten Spinalnerven, die zum peripheren Nervensystem zählen. Sie treten durch die Zwischenwirbellöcher, spezielle Öffnungen zwischen den einzelnen Wirbelkörpern, aus dem Rückenmark aus. Jeder dieser peripheren Nerven ist über zwei Äste mit dem Rückenmark verbunden – durch die Vorderwurzel und die Hinterwurzel. Dabei liefert die Hinterwurzel Informationen in das Rückenmark. Das ist zum Beispiel wichtig, um Sie zu schützen, wenn Sie barfuß auf eine Glasscherbe treten oder mit der Hand auf eine heiße Herdplatte fassen. Dagegen tragen die Nervenzellen aus der Vorderwurzel die Informationen aus dem Rückenmark in den Körper hinein und stimulieren zum Beispiel darüber die Muskulatur.

Fließen die wesentlichen Informationen vom sensorischen System zum Zentrum (Gehirn, Rückenmark), heißt das »Afferenz«. Bewegen sie sich vom Zentrum weg (zur Muskulatur), nennen wir das »Efferenz«. Bei all diesen Prozessen sind immer Nervenzellen beteiligt, denn sowohl das sensorische als auch das motorische System erbringen ihre Leistung nur mithilfe dieser speziellen Form an Zellen. Unser Nervensystem besitzt die zentrale Aufgabe, Informationen aufzunehmen, weiterzuleiten und zu verarbeiten, und ist deshalb aus Strukturen aufgebaut, die der Signalübertragung, Weiterleitung, Speicherung und Verarbeitung dienen. Dazu gehören Axone, Motoneurone, Synapsen, Neurotransmitter und vieles mehr, von dem wir einiges noch genauer betrachten werden.

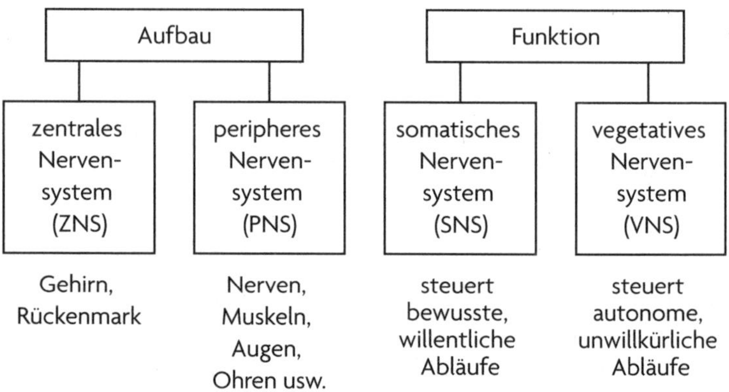

Das Nervensystem

AXONE –
unsere inneren Kabel

Zum somatischen peripheren Nervensystem gehören alle peripheren Nerven der Haut, der Gelenke, der Faszien und der Skelettmuskeln. So werden beispielsweise die Muskelbewegungen von den somatischen motorischen Axonen (auch Neuriten genannt) gesteuert, die aus den Motoneuronen (siehe Seite 35) im zentralen Rückenmark hervorgehen. Der jeweilige Zellkörper der Motoneurone liegt dabei innerhalb des ZNS, die Axone jedoch bereits im PNS.

Die wichtigste Aufgabe von Axonen ist es, Informationen als elektrische Impulse vom Zellkörper der Motoneurone an das Ende der Nervenzelle zu leiten. Ein Axon ist, einfach betrachtet, ein schlauchartiger Fortsatz der Nervenzelle, der dafür da ist, eine Erregung weiterzuleiten – ähnlich wie ein Stromkabel, das den Strom an eine Lampe heranträgt, damit diese leuchtet. Insgesamt besitzt unser Körper etwa 150 000 bis 200 000 km solcher »Stromkabel«! Die Geschwindigkeiten, mit denen Nervenimpulse weitergeleitet werden, reichen von 20 Meter/Sekunde bis hin zu 120 Meter/Sekunde. Letzteres entspricht etwa einer Geschwindigkeit von 430 Stundenkilometern – da kommt kein Formel-1-Rennwagen mit. Dabei gilt grundsätzlich: Je dicker eine Nervenfaser ist, umso schneller ist die Geschwindigkeit.

Grundsätzlich unterscheiden wir zwei Arten von Nervenfortsätzen, und zwar umhüllte und nicht umhüllte Axone. Umhüllte Nervenfasern umgibt eine Myelinschicht oder -scheide. (Myelin ist eine fetthaltige Substanz.) Den nicht umhüllten Nervenfasern fehlt diese Schicht, die wie die Isolation eines elektrischen Kabels funktioniert. Diese Hülle zieht sich nicht einheitlich über das Axon, sondern weist in Abständen von circa 0,1 bis 1,5 Millimeter immer wieder kleine Unterbrechungen auf, die wir als Ranviersche Schnürringe bezeichnen. Sie ermöglicht eine deutlich schnellere Weiterleitung der Informationen im Vergleich zu nicht umhüllten Zellen, denn so springen die elektrischen Impulse von einem Schnürring zum anderen und kommen viel schneller voran als bei dem langen und ununterbrochenen »Strang« der nicht umhüllten Variante.

Ein menschliches Axon kann wenige Millimeter oder sogar bis zu einem Meter lang sein. Sein Ursprung ist immer eine Nervenzelle, von der es als langer Schlauch bis zu den Endknöpfchen der Nervenzelle führt. An diesen Endknöpfchen befindet sich eine Verbindungsstelle zur nächsten Nervenzelle. Diese Verbindung nennen wir Synapse.

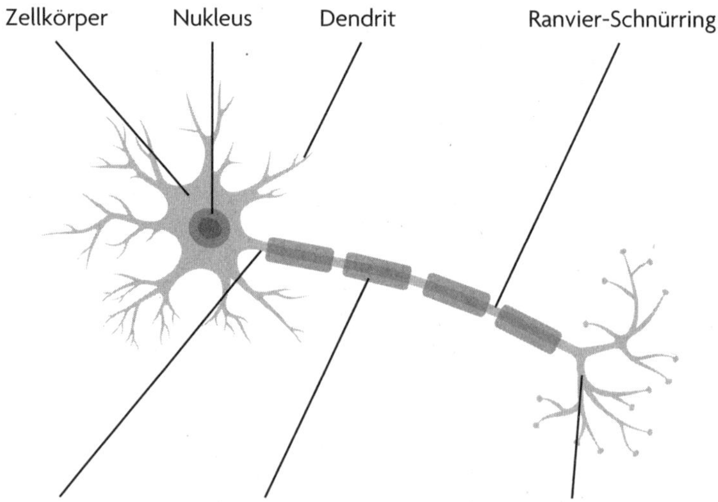

Nervenzelle mit Axon

Der elektrische Impuls, der vom Zellkörper ans Ende der Nervenzelle weitergeleitet wird, kann sowohl eine »afferente« (= sensorische) Erregung mit Informationen aus der Körperperipherie sein oder umgekehrt eine »efferente« (= motorische) Erregung, die aus dem zentralen Nervensystem in die Peripherie läuft und zum Beispiel Muskeln zur Kontraktion bringt. Werden, wie bei einem Unfall, Axone durchtrennt, dann degenerieren Anteile der betroffenen Axone. Dies führt zu massiven Problemen bei der Weiterleitung von Signalen, zu Sensibilitätsstörungen oder sogar zu kompletten Lähmungen.

Können Axone nachwachsen?

Die Antwort auf diese Frage ist: ja und nein. Ob sich Axone neu bilden oder nachwachsen, hängt nämlich davon ab, wo sie sich befinden. Wenn Sie sich in den Finger schneiden, dann durchtrennen Sie meist auch Nervenzellen und ihre Axone. Dennoch können Sie etwas spüren, und der Finger bleibt nicht taub, weil die Nervenzellen und deren Fortsätze an den oberen und unteren Extremitäten bei uns Menschen nachwachsen können. Nur im Gehirn und im Rückenmark funktioniert das nicht. Wenn beispielsweise Ihr Rückenmark bei einem Unfall durchtrennt wird, dann sind Sie querschnittgelähmt und bleiben es auch ein Leben lang.

Warum das so ist, beschrieb 2018 der Neurologe Prof. Dietmar Fischer von der Universität Düsseldorf: Beim Schnitt in den Finger produziert der Organismus spezielle Proteine, die das unmittelbare Nachwachsen von Axonen ermöglichen. Die Selbstheilung unseres Körpers funktioniert an dieser Stelle hervorragend. Das klappt nahezu überall im peripheren Nervensystem, also etwa an den Beinen, Armen, Händen oder am Rumpf. Selbst größere Verletzungen heilen auf diese Weise meist ohne nennenswerte Spuren. Zum Glück, denn sonst wären Operationen gar nicht möglich.

Multiple Sklerose – die Ursache liegt in den Axonen

Die Multiple Sklerose (MS) ist eine Krankheit des Immunsystems. Dabei kommt es ursächlich zu einer autoimmunen Entzündung mit anschließender Demyelinisierung der Nervenfasern. Es degeneriert also die Myelinscheide der Axone, sodass Nervenimpulse nicht mehr adäquat weitergeleitet werden können. Das kann zu massiven Ausfällen an verschiedenen Organsystemen führen. Weltweit sind aktuell etwa 2,5 Millionen Menschen an MS erkrankt, darunter in Deutschland rund 250 000. Frauen erkranken etwa doppelt so häufig wie Männer. Vermutlich schützt der höhere Testosterongehalt die Männer. Besonders auffällig ist, dass MS am häufigsten in Mittel- und Nordeuropa auftritt, also in wirtschaftlich hoch entwickelten Ländern. Es scheint, dass der (westliche) Lebensstil eine Rolle spielt.

Es funktioniert aber leider nicht, wenn Axone im ZNS durchtrennt werden, wie zum Beispiel im Rückenmark oder an wichtigen Hirnnerven wie etwa am Sehnerv. Im ZNS finden sich sogar Moleküle, die eine Regeneration aktiv hemmen. Man kann sie sich fast wie Stoppschilder im Körper vorstellen. Sobald unser Nervensystem vollständig entwickelt ist, werden in zentralen Bereichen überall solche Stoppschilder »aufgestellt« und damit stellt ein Axon sein Wachstum ab diesem Zeitpunkt komplett ein. Werden nun bei Erwachsenen Zellfortsätze im

Rückenmark durchtrennt, dann stehen diese vor einem Schilderwald. Solange diese Stoppschilder vorhanden sind, können die Zellfortsätze auch nicht wieder wachsen und keinen Kontakt zur Partnerzelle herstellen. Lähmungen oder andere Funktionseinschränkungen sind die Folge.

MOTONEURONE – die Bewegungsexperten

Wenn Sie ein Ei oder einen schweren Stein aufheben und woanders ablegen, führen Sie zwar vordergründig betrachtet die gleichen Bewegungen aus. Aber fassen Sie das Ei genauso fest an wie den Stein? Legen Sie es genauso ab? Sicher nicht, denn dann würde das Ei zerbrechen. Im Detail gibt es also klare Unterschiede, die für die Feinabstimmung unbedingt nötig sind. Dafür sind Ihre Motoneurone verantwortlich.

Motoneurone sind motorische Nervenzellen im zentralen Nervensystem, die zu den efferenten Nervenzellen gezählt werden, weil sie aus dem zentralen Nervensystem (oberes Motoneuron) oder aus dem Rückenmark (unteres Motoneuron) entspringen. Motoneurone kontrollieren sowohl die Skelettmuskulatur als auch die glatte Muskulatur. (Glatte Muskulatur findet sich vor allem in den Wänden unserer Hohlorgane wie Blutgefäße, Darm und Atemwege.) Sie sind in Summe sowohl für die Willkürmotorik als auch für die sogenannte Reflexmotorik verantwortlich. Zur Willkürmotorik gehören alle bewussten Bewegungen, wie das Ergreifen einer Kaffeetasse, das Laufen, das Hüpfen auf dem Trampolin oder auch das Schreiben, Malen und Singen.

Die Reflexmotorik dient im weitesten Sinne dem Schutz unseres Körpers und ist immer ein wenig übergeordnet anzusehen, denn sie kann unsere bewussten Bewegungen unterbrechen: Treten wir zum Beispiel beim Laufen auf einen spitzen Gegenstand, leitet ein Reflex, der über das untere spinale Motoneuron läuft, sofort eine unbewusste, schnelle Bewegung ein, um Schäden des Körpers zu verhindern. Der Weg über das Gehirn würde viel zu lange dauern. Deswegen sind die schützenden Reflexe sinnvollerweise im Rückenmark angesiedelt. (Mehr dazu im Kapitel »Reflexe – unsere Antwort auf Gefahren« auf Seite 43.)

Zentrale (obere) und spinale (untere) Motoneurone sind zwei wesentliche Komponenten des motorischen Systems, das für die Steuerung von Bewegungen verantwortlich ist. Diese Neurone unterscheiden sich hinsichtlich ihrer Lage, Funktion und den Auswirkungen bei einer Schädigung.

Zentrale Motoneurone

Die zentralen Motoneurone, auch obere Motoneurone genannt, sind sogenannte Pyramidenzellen und fallen dadurch auf, dass sie in der Regel größer sind als benachbarte Neurone mit anderen Funktionen. Sie befinden sich im Gehirn, besonders im motorischen Kortex (im präzentralen Gyrus), und in anderen Teilen des zentralen Nervensystems wie dem Hirnstamm. Diese Nervenzellen sind verantwortlich für die Initiierung und Kontrolle von willkürlichen Bewegungen und senden Signale vom Gehirn über lange Axone hinunter durch das Rückenmark zu den unteren Motoneuronen, die dann unsere Muskeln direkt steuern.

Dabei wechseln die meisten Axone in der sogenannten Medulla oblongata, einer Schaltstelle im unteren Hirnstamm, die Richtung und kreuzen auf die Gegenseite. Dort ziehen sie entlang des Rückenmarks herunter. In verschiedenen Segmenten des Rückenmarks treffen diese Axone dann auf die unteren Motoneurone. Die Axone der oberen Motoneurone ziehen über verschiedene Leitungsbahnen, Tractus genannt, durch das ZNS. Dazu zählen neben den Pyramidenbahnen auch die extrapyramidal-motorischen Bahnen.

Eine Schädigung der zentralen Motoneurone kann zu spastischer Lähmung führen. Das bedeutet, dass die Muskelkontrolle beeinträchtigt ist, die Muskeln steif und angespannt bleiben. Ein typisches Beispiel für eine Erkrankung der zentralen Motoneurone ist der Schlaganfall. Da die Axone auf die andere Körperseite wechseln, wird verständlich, warum eine Schädigung der linken Hirnhälfte zu einem motorischen Ausfall auf der rechten Seite führt.

Spinale Motoneurone

Spinale Motoneurone werden auch untere Motoneurone genannt, weil sie die letzte direkt mit den Muskelfasern verbundene neuronale Instanz sind. Sie befinden sich im Vorderhorn des Rückenmarks und in den motorischen Kernen der Hirnnerven. Sie sind direkt für die Kontraktion der Skelettmuskulatur und auch für die Reflexe verantwortlich. Diese Neurone empfangen Signale von den zentralen Motoneuronen und leiten sie an die Muskeln weiter, um eine Bewegung auszuführen. Die Axone der spinalen Motoneurone verlassen das Rückenmark und bilden periphere Nerven, die zu den Muskeln führen.

Das untere Neuron ist somit in erster Linie der Impulsgeber und damit das Ausführungsorgan für alle Reflexe und Willkürbewegungen, die die Skelettmuskulatur betreffen. Die Zellkörper der spinalen Motoneurone innervieren zum Beispiel die Rumpf- und die Halsmuskulatur oder auch sämtliche Muskeln der Gliedmaßen. Sie sind gut in der Substanz des Rückenmarks im Vorderhorn eingebettet und ziehen sich über die gesamte Länge des Rückenmarks.

Hinterwurzelganglion – das unbekannte Minigehirn

Als Ganglien bezeichnen Biologen Nervenknoten, also Anhäufungen von Nervenzellkörpern, die verschiedene Teile des Gehirns miteinander verbinden und verschalten. Die Nervenknoten der Hinterwurzeln eines Spinalnervs heißen daher Hinterwurzelganglien (HWG). Die Neuronen in diesen Ganglien haben Fortsätze (Axone), die einerseits mit peripheren Sensoren (etwa in der Haut) und andererseits mit dem Rückenmark verbunden sind. Ich nenne die Hinterwurzelganglien gern Minigehirne, weil bei ihnen deutlich mehr Informationen aus dem Körper ankommen als im Gehirn, denn sie leiten nicht alle Signale weiter ans Gehirn, sondern veranlassen viele Prozesse unmittelbar beim Eintreffen des Reizes ohne Beteiligung des Gehirns. Dazu gehören besonders Reaktionen zum Schutz des Körpers wie Reflexe. Die Hinterwurzelganglien lassen also quasi nur sehr wichtige existenzielle Botschaften zum Chef, dem Gehirn, durch.

Wir haben insgesamt 31 HWG-Paare, also 62 einzelne Ganglien. Diese entsprechen den 31 Spinalnervenpaaren, die aus dem Rückenmark austreten. Die Spinalnerven und ihre Ganglien sind folgendermaßen verteilt:

- 8 Halsnerven (C1-C8): 8 HWG-Paare
- 12 Brustnerven (Th1-Th12): 12 HWG-Paare
- 5 Lendennerven (L1-L5): 5 HWG-Paare
- 5 Kreuznerven (S 1-S 5): 5 HWG-Paare
- 1 Steißnerv (Co1): 1 HWG-Paar

Die 62 Hinterwurzelganglien spielen eine wichtige Rolle im sensorischen System, weil sie als erste Station für die Verarbeitung von sensorischen Reizen wie Schmerz, Temperatur und Berührung fungieren. Im Einzelnen übernehmen sie folgende Funktionen:

- **sensorische Informationserfassung:** Die Neuronen in den HWG besitzen lange, periphere Axone, die mit sensorischen Rezeptoren in der Haut, den Muskeln und anderen Geweben direkt verbunden sind. Diese Sensoren erfassen Informationen über Berührung, Druck, Temperatur, Schmerz und Propriozeption (Lage und Bewegung der Gliedmaßen).
- **Weiterleitung zum Rückenmark und Gehirn:** Die zentralen Axone der Neuronen in den Hinterwurzelganglien leiten diese sensorischen Informationen über die Hinterwurzeln der Spinalnerven direkt in das Rückenmark und bei Bedarf bis zum Gehirn weiter.
- **Integration im Rückenmark:** Im Rückenmark werden die sensorischen Signale entweder direkt an höhere Zentren des Gehirns weitergeleitet oder in Reflexbögen (neuronale Schaltkreise) integriert, die für schnelle, automatische Reaktionen verantwortlich sind.

Bedeutsam ist in diesem Zusammenhang, dass die spinalen Motoneurone im Rückenmark nicht gleichmäßig verteilt sind –

genauso wenig wie die Skelettmuskeln im Körper. So entspringt beispielsweise die gesamte Innervation der mehr als 50 Muskeln eines Arms an den Segmenten C3 bis Th1. Eine Rückenmarkverletzung im Bereich der Halswirbelsäule zieht deswegen gravierende motorische Defizite im Bereich des Oberkörpers nach sich. Die Beinmuskulatur dagegen wird von den Spinalsegmenten L1 bis S 3 innerviert. Deswegen verspürt man häufig bei einem Bandscheibenvorfall im Bereich der Lendenwirbelsäule motorische oder sensible Störungen im Bereich der Beinmuskulatur.

Zwei Typen der spinalen Motoneurone

Wir unterscheiden bei den spinalen Motoneuronen zwei Typen, und zwar das Alpha- und das Gamma-Motoneuron. Beide spielen eine wichtige Rolle bei der Kontrolle der Muskulatur. Sie haben verschiedene Funktionen und Zielstrukturen, die für die Feinabstimmung und Aufrechterhaltung von Muskelaktivitäten entscheidend sind.

Alpha-Motoneurone sind direkt verantwortlich für die Kontraktion der Skelettmuskulatur. Sie innervieren die sogenannten extrafusalen Muskelfasern, die den Großteil der Muskelkraft erzeugen, also die großen kraftproduzierenden Fasern, die für sämtliche Bewegungen und die Muskelkraft verantwortlich sind. Wenn ein Alpha-Motoneuron ein entsprechendes Signal aussendet, führt dies zur Kontraktion der Muskelfasern. Dies ist der Mechanismus, durch den Bewegungen wie Gehen, Greifen oder Heben ausgeführt werden.

Das Entscheidende bei all diesen Muskelaktivitäten ist, dass bei Bewegungen genau die richtige Menge an Kraft ausgeübt wird! Nicht zu viel, sonst zerbricht zum Beispiel das Ei in der Hand, und auch nicht zu wenig, sonst fällt es herunter.

Die meisten Bewegungen, wie auch Gehen, Singen, Schreiben, sind bereits durch recht geringe Innervation und eine schwache Muskelkontraktion möglich. Nur sehr selten – im Alltag fast nie – brauchen wir intensive und starke Kontraktionen. Wann tragen wir schon eine Kiste Wasser oder Möbel für den Umzug ...?

Gamma-Motoneurone spielen eine Schlüsselrolle bei der Feinregulation der Muskelspannung und der Aufrechterhaltung des Muskeltonus. Sie innervieren die intrafusalen Muskelfasern in den Muskelspindeln (siehe Kasten), die Sensoren für die Längenänderung des Muskels sind. Sobald ein Gamma-Motoneuron aktiviert wird, zieht es die intrafusalen Muskelfasern zusammen, und die Muskelspindeln werden empfindlicher gegenüber Dehnungen. Dies hilft, die Länge des Muskels zu überwachen und die Aktivität der Alpha-Motoneurone entsprechend anzupassen, um eine angemessene Muskelspannung aufrechtzuerhalten.

Gamma-Motoneurone schützen so unsere Muskeln vor einer zu extremen Dehnung oder sogar vor einem Zerreißen. Dazu erhalten sie Signale von höheren motorischen Zentren und sensorischen Neuronen, die die Muskelspindel anpassen, um die Haltung zu stabilisieren und Bewegungen zu koordinieren. So modifizieren sie die Empfindlichkeit der Muskelspindeln und beeinflussen indirekt damit sogar die Aktivität der Alpha-Motoneurone.

Das Zusammenwirken von Alpha- und Gamma-Motoneuronen ist daher essenziell für die Feinsteuerung von Bewegungen und die Aufrechterhaltung des Muskeltonus. Während Alpha-Motoneurone die eigentliche Bewegung ausführen, stellen Gamma-Motoneurone sicher, dass die Muskeln auf externe und interne Einflüsse korrekt reagieren, indem sie die Empfindlichkeit der Muskelspindeln anpassen. Dies ist besonders wichtig für koordinierte Bewegungen und das Gleichgewicht – und damit auch für unsere gesamte Körperwahrnehmung.

Extrafusale und intrafusale Muskelfasern – muskuläre Kommunikation!

Extrafusale und intrafusale Muskelfasern sind wichtige Komponenten des neuromuskulären Systems, die zusammenarbeiten und eine bedeutsame Rolle bei der koordinierten Muskelbewegung und besonders auch bei der Kontrolle der Muskellänge spielen.

Extrafusale Fasern sind Grundbausteine des Muskelgewebes und für die eigentliche Entwicklung der Kraft sowie einer Muskelkontraktion verantwortlich. Sie setzen sich primär aus den beiden Proteinfilamenten Aktin und Myosin zusammen, die sich bei einer Kontraktion ineinanderschieben, verhaken und dadurch eine Kontraktion möglich machen, die dann in den meisten Fällen zu einer Bewegung führt. Extrafusale Fasern werden direkt von den Alpha-Motoneuronen innerviert.

Intrafusale Fasern befinden sich innerhalb der Muskelspindeln, die parallel zu den extrafusalen Fasern angeordnet sind. Muskelspindeln mit ihren intrafusalen Fasern sind (propriozeptive) »Messinstrumente«, die helfen, die Muskeldehnung und die Längenveränderung der Muskulatur zu überwachen. Sie werden von den Gamma-Motoneuronen innerviert. Diese regulieren die Empfindlichkeit der Muskelspindeln und ermöglichen so die Anpassung der Muskelspindeln an verschiedene Längen der Muskulatur.

REFLEXE –
unsere Antwort auf Gefahren

Wenn Sie auf einen Seeigel treten oder mit dem Hammer Ihren Finger statt des Nagels getroffen haben, hat Ihr Nervensystem ein grundlegendes Problem: Es hat keine Zeit mehr zu überlegen, zu entscheiden oder gar zu diskutieren, sondern es muss sofort eine Reaktion erfolgen! Ohne überhaupt nachgedacht zu haben, ziehen Sie den Fuß oder die Hand prompt ruckartig vom gefährlichen Gegenstand weg.

Damit dies überhaupt geschehen kann, muss von der Fußsohle oder dem Finger ein Nervensignal übertragen werden. Es muss schnellstens den langen Weg vom Fuß oder von der Hand über die sensorischen Nerven der Gliedmaßen zum Rückenmark gebracht werden. Dort werden Signale auf sogenannte Interneurone übertragen. Die meisten Interneurone sind mit motorischen Neuronen verbunden, die Arm- und Beinmuskeln kontrollieren und auf schnellstem Weg Signale in die Muskeln zur Kontraktion senden. Deswegen ziehen Sie sofort den Fuß oder die Hand zurück. Dieser Reflex schützt uns vor größeren Gefahren und erfolgt ohne Beteiligung des Gehirns auf der Ebene des Rückenmarks.

Reflexe sind also unwillkürliche, automatische motorische oder auch vegetative Reaktionen des Organismus auf sensible Reize und dienen häufig unserem Schutz.

Interneurone, die Schaltneurone

Im ZNS spielen Interneurone eine wichtige Rolle bei der Weiterleitung von Reizen. Diese spezialisierten Nervenzellen, von denen es sehr viele unterschiedliche Typen gibt, verbinden verschiedene Neurone miteinander, vor allem sensorische und motorische. Sie werden gerade verstärkt erforscht, weil sie vermutlich mitverantwortlich für zahlreiche neurologische Erkrankungen sind.

Bei den Reflexen gibt es aber auch Unterschiede: Die beschriebene Reaktion ist bereits ein komplexerer Reflex, denn sie läuft über mehrere zwischengeschaltete Interneurone und damit über mehrere Synapsen (Raum zwischen zwei Nervenzellen; dazu mehr ab Seite 52). Sie heißt deswegen polysynaptischer Reflex. Gibt es eine unmittelbare Verbindung zwischen dem Reiz und einem Motoneuron, handelt es sich um einen monosynaptischen (einfachen) Reflex. Ein Beispiel ist der Kniesehnenreflex, bei dem der Arzt mit einem Hämmerchen unterhalb Ihres Kniegelenks auf die Patellasehne klopft. Der Reiz wird nur über eine einzige Synapse im Rückenmark direkt auf das motorische Neuron übertragen, das den Oberschenkelmuskel ansteuert. Dadurch zieht sich dieser zusammen und streckt das Bein. Übrigens ist das ein sogenannter Muskeldehnungsreflex.

Der Muskeldehnungsreflex – ein besonderer Schutz der Muskeln

Der Muskeldehnungsreflex, manchmal auch Muskelspindelreflex genannt, zählt zu den monosynaptischen Reflexen, bei denen eine plötzliche Dehnung eines Muskels eine direkte Kontraktion desselben Muskels auslöst. Der Muskeldehnungsreflex dient dazu, die Muskellänge einigermaßen konstant zu halten und die Muskeln vor einer Überdehnung zu schützen. Das spüren Sie, wenn Sie Ihre Muskeln dehnen und in die Länge ziehen: Ab einem bestimmten Punkt wehren sich die Muskeln, und es geht nicht weiter.

Der Muskelspindelreflex ist auch an unserer aufrechten Körperhaltung und der Stabilisierung der Gelenke beteiligt. Er ist besonders wichtig für die unbewusste Kontrolle von Bewegungen und die Stabilisation des Körpers bei plötzlichen Veränderungen der Belastung. Er ist schnell und automatisch und tritt ohne bewusste Steuerung auf. Daher wird er – wie der Kniesehnenreflex – oft bei neurologischen Untersuchungen getestet, um die Gesundheit des peripheren Nervensystems und des Rückenmarks zu überprüfen. Bei diesem Reflex spielen die Muskelspindeln die wichtigste Rolle, die Stimmen der Muskeln, zu denen wir noch kommen.

Der Muskeldehnungsreflex läuft in folgenden Schritten ab:

1. Dehnung des Muskels: Wenn ein Muskel gedehnt wird, werden die Muskelspindeln (Dehnungssensoren) im Muskel aktiviert.
2. Signalübertragung: Die Muskelspindeln senden ein Signal über sensorische (afferente) Neuronen an das Rückenmark.

3. Synapse im Rückenmark: Im Rückenmark trifft das sensorische Neuron auf ein motorisches (efferentes) Neuron, das denselben Muskel innerviert. Diese Übertragung erfolgt über eine einzige Synapse, daher der Begriff »monosynaptisch«.
4. Muskelkontraktion: Das motorische Neuron sendet ein Signal zurück an den Muskel, sich zusammenzuziehen, um der Dehnung entgegenzuwirken – und die Muskulatur vor einer übermäßigen Dehnung und damit vor dem Zerreißen zu schützen.

Vegetative Reflexe

Vegetative Reflexe sind automatische Reaktionen des Körpers, die nicht bewusst gesteuert werden können. Sie werden durch das vegetative Nervensystem vermittelt, das lebenswichtige Funktionen wie Atmung, Herzschlag, Verdauung und Stoffwechsel reguliert. Diese Reflexe sind oft essenziell für das Überleben. Sie sind eine Reaktion des Körpers auf äußere Reize oder interne Bedürfnisse, ohne dass wir bewusst darüber nachdenken müssen. Ein bekanntes Beispiel ist der Niesreflex, der durch Reizungen der Nasenschleimhaut ausgelöst wird, oder auch der Speichelreflex, der oft schon bei der Erwartung geliebter Leckereien den Speichel im Mund fließen lässt.

Leider funktioniert dieser Schutz nicht immer: Ist die Bewegung beispielsweise beim Ausrutschen zu schnell für den Reflex, bleibt der Muskel ungeschützt, sodass es zu winzigen Rissen in der Muskelstruktur kommt. Durch die zu starke Dehnung tritt plötzlich ein Muskelfaserriss oder eine Zerrung auf. Mit regelmäßigem Dehn- und Beweglichkeitstraining können Sie solchen Verletzungen vorbeugen.

ELEKTRISCH UND CHEMISCH – die Sprachen des Nervensystems

Wussten Sie, dass unser Organismus zweisprachig ist? Er kann biochemisch und elektrisch mit uns und all unseren Zellen kommunizieren. Am bekanntesten ist die biochemische Sprache, bei der Hormone und Neurotransmitter die Interaktion übernehmen. (Dazu später mehr.) Doch die wichtigste Sprache des Nervensystems ist die elektrische: Mithilfe elektrischer Signale und Impulse erfüllt unser Nervensystem seine Aufgabe, Informationen aufzunehmen, weiterzuleiten, zu verarbeiten und abzugeben. Elektrische Impulse sind die Grundlage für fast alle Funktionen des Nervensystems. Dabei bilden das Ruhe- und das Aktionspotenzial der Zellmembran, die Synapsen und Neurotransmitter sowie natürlich die Erregungsleitungssysteme – die Nerven und das Nervennetzwerk – die Grundbausteine der Kommunikation. Da sie für das Verständnis der körpereigenen Signale wichtig sind, werfen wir einen genaueren Blick darauf, denn um die Stimmen des Körpers zu verstehen, ist es gut, davon zumindest eine grobe Vorstellung zu haben. Dann erkennen Sie auch, warum vor allem die Mineralien Natrium und Kalium so bedeutsam für Ihren Körper sind: Das ausreichende Maß besonders dieser beiden Stoffe ist für die zellulären Prozesse lebenswichtig.

Immer viel los: das Ruhemembranpotenzial

Die elektrische Spannung an der Zellmembran einer Zelle im Ruhezustand heißt Ruhe(membran)potenzial. Es entsteht durch die ungleiche Verteilung von Ionen (vor allem Natrium- und Kalium-Ionen) zwischen dem Inneren der Zelle und dem Außenraum. Typischerweise liegt das Ruhemembranpotenzial von Nervenzellen etwa bei −70 mV (Millivolt). Das bedeutet, dass die Innenseite der Zellmembran im Vergleich zur Außenseite negativer ist.

Innerhalb der Zelle befinden sich also in Ruhe mehr Kalium-Ionen (K^+) und weniger Natrium-Ionen (Na^+) im Vergleich zum extrazellulären Raum. Grund dafür ist die selektive Permeabilität der Membran, das heißt: Die Zellmembran ist durch spezielle Kanäle durchlässiger (= permeabel) für Kalium als für Natrium. Kalium-Ionen strömen daher tendenziell nach außen, wodurch die Innenseite der Zelle negativer wird. Parallel agiert die Natrium-Kalium-Pumpe. Diese Pumpe transportiert aktiv Na^+ nach außen und K^+ nach innen, wobei für drei Na^+-Ionen, die nach außen befördert werden, zwei K^+-Ionen nach innen gelangen. Das trägt ebenfalls zur Aufrechterhaltung der Spannung bei.

Das Ruhemembranpotenzial ist entscheidend für:

- die Signalübertragung in Nervenzellen: Das Potenzial dient als Ausgangspunkt für Aktionspotenziale, die die Informationsweiterleitung entlang von Nerven ermöglichen.
- die Erregbarkeit von Zellen: Ohne das Ruhepotenzial können Zellen wie Nerven- oder Muskelzellen nicht erregt werden. Das aber ist für ihre Funktion essenziell.

- die Aufrechterhaltung des Gleichgewichts: Es hält den elektrochemischen Gradienten (also die unterschiedliche Konzentration) der Ionen aufrecht, was wichtig für Prozesse wie die Muskelkontraktion und die Nährstoffaufnahme ist.

Das Aktionspotenzial – so werden wir »genervt«

Das Aktionspotenzial dagegen ist eine kurzfristige, charakteristische Veränderung des Membranpotenzials einer Nervenzelle, die zur Signalübertragung innerhalb des Nervensystems dient. Es ist ein elektrisches Signal, das entlang eines Axons weitergeleitet wird und dabei Informationen von einer Nervenzelle zur nächsten oder zu anderen Zielzellen wie Muskeln oder Drüsen transportiert. Es kehrt die Situation in der Zelle um, weil kurzzeitig das Innere der Membran im Verhältnis zur Außenseite positiv geladen ist. Das Aktionspotenzial ist also eine elektrische »Entladung« – auch Nervenimpuls genannt.

Das Aktionspotenzial entsteht durch einen geordneten Ablauf von Ereignissen, die die Permeabilität (Durchlässigkeit) der Zellmembran für bestimmte Ionen ändern:

1. Ruhepotenzial: Ausgangspunkt ist das Ruhemembranpotenzial, etwa bei –70 mV. Die spannungsabhängigen Ionenkanäle sind in diesem Zustand geschlossen.
2. Depolarisation: Ein Reiz (wie ein Signal von einer anderen Nervenzelle) führt dazu, dass Natriumkanäle (Na^+-Kanäle) geöffnet werden. Daraufhin strömen Na^+-Ionen aufgrund des Konzentrations- und Ladungsunterschieds in die Zelle

ein. Das führt zu einer Depolarisation. Das Membranpotenzial wird also weniger negativ und steigt Richtung positiver Werte. Sobald das Neuron einer Depolarisation ausgesetzt ist, entsteht zunächst keine Reaktion – bis ein Schwellenwert überschritten ist. Wird der Schwellenwert von etwa –55 mV erreicht, wird ein vollständiges Aktionspotenzial ausgelöst.

3. Overshoot (Umkehr des Potenzials): Es strömen weiterhin Na^+-Ionen in die Zelle, und die Depolarisation erreicht ihren Höhepunkt bei etwa +30 bis +40 mV. Das Innere der Zelle wird währenddessen vorübergehend positiv.
4. Repolarisation: Nach dem Höhepunkt des Aktionspotenzials schließen sich die Na^+-Kanäle, und Kaliumkanäle (K^+-Kanäle) öffnen sich. K^+-Ionen strömen aus der Zelle heraus, und das Membranpotenzial wird wieder negativer.
5. Hyperpolarisation: Da die K^+-Kanäle etwas länger geöffnet bleiben, wird das Membranpotenzial kurzzeitig negativer als das ursprüngliche Ruhemembranpotenzial (etwa –80 mV). Dieser Zustand wird als Hyperpolarisation bezeichnet.
6. Rückkehr zum Ruhemembranpotenzial: Durch die Aktivität der Natrium-Kalium-Pumpe, die Na^+ nach außen und K^+ nach innen transportiert, wird das normale Ruhemembranpotenzial wiederhergestellt.

Das Aktionspotenzial ermöglicht also die schnelle Übertragung von Informationen entlang des Axons. Sobald es ausgelöst wurde, bewegt sich das Signal als elektrische Welle am Axon entlang, bis es das Axonende erreicht. Dort bewirkt das Aktionspotenzial die Freisetzung von Neurotransmittern in den synaptischen Spalt, die dann das Signal auf die benachbarte Zelle übertragen.

Damit wir gehen oder laufen, schreiben oder malen, sprechen oder singen können, regt eine ständige Abfolge von Aktionspotenzialen die dafür notwendige Muskulatur an. Mit dem »Befehl« für eine Bewegung regen wir ein Neuron dauerhaft an, führen ihm also ständig depolarisierenden Strom zu. Damit erzeugen wir nicht nur ein einziges Aktionspotenzial, sondern eine lange Folge an Aktionspotenzialen. Eine solche »Entladungsrate«, also die Geschwindigkeit (Frequenz), mit der Aktionspotenziale »gezündet« werden, beträgt im menschlichen Organismus maximal 1000 Hz (Hertz). Es werden also pro Sekunde bis zu 1000 Impulse »produziert«, die unsere Bewegungen erst möglich machen. Im Nervensystem arbeiten dazu Millionen von Nervenzellen zusammen, die durch Aktionspotenziale miteinander kommunizieren. Diese Signale ermöglichen es, komplexe Aufgaben wie Wahrnehmung, Bewegung und Gedächtnis zu koordinieren.

Alle Aktionspotenziale, die von einer Zelle erzeugt werden, haben dieselbe Größe und Dauer. Sie nehmen nicht ab, wenn sie über ein Axon weitergeleitet werden. Ein Aktionspotenzial funktioniert dabei immer nach dem Alles-oder-Nichts-Prinzip. Sobald der Schwellenwert erreicht ist, wird das Signal vollständig ausgelöst – ist der Reiz zu schwach, passiert nichts.

Entscheidend für die Information sind dabei die Frequenz und das Muster der Potenziale. Sie stellen den eigentlichen Code dar, den das Nervensystem für die Verarbeitung der Informationen nutzt. Wenn Sie zum Beispiel kurzzeitig ausrutschen, schnell laufen oder springen, dann schickt Ihr Nervensystem Aktionspotenziale mit höherer Frequenz, um für diese Bewegungen die schnellen weißen Muskelfasern gezielt und rasch zu aktivieren. Wollen Sie jedoch nur im Buch umblättern oder eine Tasse Kaffee trinken, dann geschieht das auch im Nervensystem mit völliger Ruhe und einer deutlich geringeren

Innervationsfrequenz, weil diese Arbeit von den langsamen roten Muskelfasern erledigt werden kann.

Synapsen – die Signalüberträger

Der Reiz, das heißt die »Aufgabe«, muss nun noch vom Nervensystem auf den Muskel oder andere Organsysteme übertragen werden. Dafür verantwortlich sind unsere Synapsen. Eine Synapse ist der Bereich, an dem zwei Nervenzellen (Neuronen) oder eine Nervenzelle und eine Zielzelle (etwa eine Muskelzelle) miteinander in Kontakt treten, um Informationen auszutauschen. Synapsen sind also die Verbindungsstellen für die Kommunikation im Nervensystem und ermöglichen die Übertragung von elektrischen oder chemischen Signalen. Die Informationen fließen dabei nur in eine Richtung: Eine Zelle redet, die andere hört zu. 100 Milliarden Nervenzellen tauschen auf diese Art und Weise ihre Informationen aus.

Die Zahl der Synapsen, die eine einzelne Nervenzelle ausbilden kann, variiert sehr stark, wie Forscher des Max-Planck-Instituts für biophysikalische Chemie in Göttingen unter Leitung von Prof. Reinhard Jahn 2016 beschrieben haben. Je nach Zelltyp kann die Anzahl zwischen genau einer und sogar über 100 000 Synapsen betragen. Im Mittel sind es ungefähr 1000 Synapsen pro Nervenzelle.

Jede Synapse besteht aus drei Hauptteilen:

- Die präsynaptische Membran ist das Ende der sendenden Nervenzelle (Axonende). Dort befinden sich Bläschen, sogenannte Vesikel, die Neurotransmitter enthalten.

- Die postsynaptische Membran ist die Membran der empfangenden Zelle, die Rezeptoren für die Neurotransmitter enthält.
- Als synaptischen Spalt bezeichnet man den Raum zwischen der präsynaptischen Membran und der postsynaptischen Membran, also zwischen den Axonenden zweier benachbarter Nervenzellen. Dieser Spalt ist etwa 20 bis 50 Nanometer breit.

Der Prozess, durch den ein elektrisches Signal von einem Neuron auf ein anderes Neuron oder eine Zielzelle übertragen wird, heißt synaptische Übertragung. Dieser Prozess kann auf chemische oder elektrische Weise erfolgen.

Die chemische synaptische Übertragung ist die häufigste Form der Signalübertragung im Nervensystem und erfolgt in mehreren Schritten. Im ersten Schritt erreicht ein (elektrisches) Aktionspotenzial das Ende einer Nervenzelle (Axonterminale). Das Aktionspotenzial führt dazu, dass Kalzium-Ionen in das Axonterminale einströmen. Dadurch verschmelzen Vesikel mit der präsynaptischen Membran, was wiederum Neurotransmitter (chemische Botenstoffe) in den synaptischen Spalt freisetzt. Diese Neurotransmitter diffundieren über den synaptischen Spalt und binden an spezifische Rezeptoren auf der postsynaptischen Membran. Dadurch werden dort Ionenkanäle geöffnet, und das führt zur Depolarisation oder Hyperpolarisation der postsynaptischen Membran: Der Reiz wurde also auf die nächste Zelle übertragen. Je nachdem, welche Ionenkanäle geöffnet werden, kann das Signal entweder erregend oder hemmend wirken. Nach der Übertragung werden die Neurotransmitter durch Enzyme abgebaut oder wieder in die präsynaptische Membran aufgenommen, um das Signal zu beenden.

Für sehr, sehr schnelle Reaktionen wie Reflexe oder die Arbeit des Herzmuskels hält unser Körper eine Abkürzung bereit: Sind die Neuronen über Gap Junctions (elektrische Synapsen) direkt miteinander verbunden, wird das elektrische Signal ohne Neurotransmitter besonders schnell übertragen. Diese Art der Übertragung ist allerdings deutlich seltener.

Synapsen ermöglichen es dem Gehirn und dem Nervensystem, Signale über weite Strecken weiterzuleiten und zu verarbeiten. Sie spielen eine Rolle bei der Verstärkung oder Abschwächung von Signalen. Erregende und hemmende Signale werden integriert, also kombiniert und verarbeitet, um eine passende Antwort im jeweiligen Organ wie der Muskulatur zu erzeugen. Synaptische Verbindungen können gestärkt oder geschwächt werden (synaptische Plastizität), und genau das ist eine Grundlage für das Lernen und die Speicherung von Informationen im Gehirn. Natürlich lebt auch das Gehirn von seinen Synapsen: Informationen, die wir von außen wahrnehmen und die dann im Körper verarbeitet werden, hinterlassen Spuren im Organismus, die im Gehirn interpretiert und gespeichert werden (können). Das gilt für Bewegungserfahrungen genauso wie für das Lernen von Vokabeln oder das Lernen eines Musikstücks am Klavier (mehr zum Thema Lernen siehe auch Seite 104).

Warum das Gehirn so hungrig ist!

Unser Gehirn macht nur etwa 2 bis 3 Prozent unseres Körpergewichts aus, verbraucht aber mindestens 20 Prozent unserer gesamten Energie. Den Großteil benötigen die elektrischen und chemischen Signale, die für die Kommunikation der Nervenzellen gebraucht werden. Aber auch beim

Schlafen oder sogar im Koma nimmt der Energiebedarf des Gehirns kaum ab. Forscher des Weill Cornell Medical College, New York, um die Profs. Camila Pulido und Timothy Ryan haben 2021 im Fachmagazin *Science Advances* publiziert, dass besonders die Synapsen für diesen hohen Energiebedarf verantwortlich sind. Sie wandeln die elektrischen Signale in chemische Botenstoffe um. Die einzelnen Nervenzellen speichern dann diese Neurotransmitter, bis der elektrische Impuls ihre Freisetzung wieder auslöst. Dieser Prozess benötigt sehr viel Energie.

Doch die Forscher wollten herausfinden, warum Gehirn und ZNS auch in Ruhe so hungrig sind. Erstmalig konnten die Wissenschaftler zeigen, dass die Synapsen und die dort gelagerten Vesikel (kleine Bläschen in der Zelle) auch im Ruhezustand ständig Energiebedarf haben. Der Grund dafür ist, dass die Membranen der winzigen Bläschen, in denen die Neurotransmitter bis zu ihrer Freisetzung lagern, nicht vollständig dicht sind und permanent Protonen verlieren.

Dieser Verlust muss ständig ausgeglichen werden, sodass viel ATP (Adenosintriphosphat), der Brennstoff der Zelle, benötigt wird. Allein dieser Ausgleich für eine gleichbleibende Protonenzahl benötigt etwa 44 Prozent des gesamten ATP-Bedarfs der Zelle! Geht man von mindestens mehreren 100 Billionen Synapsen im Gehirn aus, die rund um die Uhr Energie verbrauchen, dann wird durch diese Studie klar, warum das Gehirn selbst in Ruhe einen so viel höheren Grundumsatz hat als die anderen Gewebe. Gleichzeitig erklärt es, warum das Gehirn und die Nervenenden so anfällig auf Engpässe in der Versorgung reagieren.

Neurotransmitter – Botenstoffe des Nervensystems

Biochemische Stoffe, die Reize von einer Nervenzelle zu einer anderen Nervenzelle oder zu einer anderen Körperzelle weiterleiten oder verstärken, heißen Neurotransmitter. Sie spielen eine zentrale Rolle bei der Kommunikation im Gehirn und im gesamten Nervensystem. Als Informationsträger unserer Körperzellen dienen sie:

- der Signalübertragung: Neurotransmitter ermöglichen die Weitergabe von Signalen durch den synaptischen Spalt.
- der Regulierung von Körperfunktionen: Sie beeinflussen eine Vielzahl von Prozessen, darunter Stimmung, Schlaf, Appetit, Herzfrequenz und Muskelbewegungen.
- der Modulation von neuronalen Netzwerken: Neurotransmitter können die Erregbarkeit von Neuronen erhöhen oder verringern. Sie beeinflussen die Wahrscheinlichkeit, dass eine Nervenzelle ein Signal weiterleitet.

Neurotransmitter werden in Nervenzellen hergestellt, hauptsächlich in den Axonendungen. Der genaue Entstehungsort hängt vom Typ des Neurotransmitters ab. Es gibt grundsätzlich drei Neurotransmitter-Typen:

- aminosäurebasierte Neurotransmitter (wie Glutamat, GABA) werden aus Aminosäuren produziert, die in den Neuronen vorhanden sind.
- aminbasierte Neurotransmitter (wie Dopamin, Serotonin, Noradrenalin) entstehen aus Vorläufermolekülen, die im Zellkörper des Neurons hergestellt und dann zu den Axonenden transportiert werden.

- Neuropeptide (wie Endorphine) werden durch die Transkription und Translation von Genen (die Kopie und Übersetzung von Genen) im Zellkörper hergestellt und anschließend in Vesikeln entlang des Axons zu den Synapsen transportiert.

Sobald ein freigesetzter Neurotransmitter sein Signal übertragen hat, wird er entweder abgebaut, wieder in die Nervenzelle aufgenommen oder diffundiert aus dem synaptischen Spalt heraus, um die Signalübertragung zu beenden und die Nervenzelle für neue Signale bereit zu machen.

Die wichtigsten Neurotransmitter

Acetylcholin

Funktion: Wichtiger Neurotransmitter im parasympathischen Nervensystem, beteiligt an Muskelkontraktionen, Gedächtnis und Lernen

Vorkommen: neuromuskuläre Endplatten, Gehirn, parasympathisches Nervensystem

Dopamin

Funktion: beteiligt an Belohnung, Motivation, Vergnügen sowie motorischer Kontrolle

Vorkommen: zentrales Nervensystem, besonders im Mittelhirn (Substantia nigra, ventrales Tegmentum)

Serotonin

Funktion: reguliert Stimmung, Schlaf, Appetit, Schmerz und Verdauung

Vorkommen: Gehirn, Darm (enterisches Nervensystem), Blutplättchen

Noradrenalin (Norepinephrin)
Funktion: beteiligt an Stressreaktion, Erhöhung der Wachsamkeit, Aufmerksamkeit und Herzfrequenz
Vorkommen: sympathisches Nervensystem, Gehirn
GABA (Gamma-Aminobuttersäure)
Funktion: wichtigster hemmender Neurotransmitter im Gehirn, reguliert Erregbarkeit der Nervenzellen und verhindert Übererregung
Vorkommen: zentrales Nervensystem
Glutamat
Funktion: wichtigster erregender Neurotransmitter im Gehirn, beteiligt an Lern- und Gedächtnisprozessen
Vorkommen: zentrales Nervensystem
Glycin
Funktion: hemmender Neurotransmitter, insbesondere im Rückenmark und Hirnstamm
Vorkommen: Rückenmark, Hirnstamm
Histamin
Funktion: reguliert Schlaf-Wach-Rhythmus, Appetit, an Entzündungsreaktionen beteiligt
Vorkommen: Gehirn, Magen (Produktion von Magensäure), Immunsystem
Endorphine
Funktion: wirken als natürliche Schmerzmittel, erzeugen ein Gefühl von Wohlbefinden und Euphorie
Vorkommen: Gehirn, Hypophyse
Substanz P
Funktion: beteiligt an der Schmerzübertragung und der Regulierung von Entzündungsprozessen.
Vorkommen: Gehirn, Rückenmark, Darm

Hormone: die Überredungskünstler

Hormone sind ebenso wie die Neurotransmitter chemische Botenstoffe. Aber sie werden von speziellen Drüsen des endokrinen Systems produziert. Im Körper erfüllen Hormone zahlreiche Funktionen. Vor allem Sympathikus und Parasympathikus setzen Hormone ein, um ihre jeweiligen Effekte zu veranlassen, zu stabilisieren oder zu beenden. Im Zusammenhang mit der Informationsübertragung im Körper haben Hormone folgende Hauptfunktionen:

- langfristige Informationsvermittlung: Hormone spielen eine Schlüsselrolle bei der Übermittlung von Informationen über längere Zeiträume und Distanzen im Körper. Während Neurotransmitter schnelle, unmittelbare Signale zwischen Nervenzellen übermitteln, wirken Hormone langsamer und über längere Zeiträume. Sie regulieren Prozesse, die Minuten bis hin zu Tagen, Wochen oder sogar Jahren dauern können.
- Regelung von Körperfunktionen: Hormone sind entscheidend für die Steuerung und Koordination verschiedener physiologischer Prozesse (siehe Kasten).
- Homöostase: Hormone spielen eine entscheidende Rolle bei der Aufrechterhaltung des inneren physiologischen Gleichgewichts, also der Homöostase. Sie helfen dabei, wichtige Parameter wie Körpertemperatur, Blutdruck, Wasserhaushalt und Elektrolytgleichgewicht zu regulieren.
- Modulation von Verhalten und Stimmung: Hormone beeinflussen unser Verhalten und unsere Stimmung. So können Hormonschwankungen während des Menstruations-

zyklus, der Schwangerschaft oder in den Wechseljahren das emotionale Befinden einer Frau verändern. Ebenso beeinflussen Hormone wie Serotonin und Melatonin den Schlaf-Wach-Rhythmus und das Wohlbefinden.

- Kommunikation zwischen Organen: Hormone dienen als Kommunikationsmittel zwischen verschiedenen Organen und Geweben. Zum Beispiel signalisiert das Hormon Erythropoetin (Epo), das von den Nieren freigesetzt wird, dem Knochenmark, mehr rote Blutkörperchen zu produzieren, wenn der Sauerstoffgehalt im Blut sinkt.
- Feedback-Schleifen: Hormone sind oft Teil von Feedback-Schleifen, die sicherstellen, dass bestimmte Prozesse im

Hormongesteuerte Körperfunktionen

Hormone steuern und koordinieren verschiedene Vorgänge im Körper:

- Stoffwechsel: Hormone wie Insulin und Glukagon regulieren den Blutzuckerspiegel und den Energiehaushalt.
- Wachstum und Entwicklung: Wachstumshormone wie Somatotropin steuern das Wachstum von Knochen und Gewebe.
- Fortpflanzung: Sexualhormone wie Östrogen und Testosteron regulieren die Fortpflanzungsfunktionen und beeinflussen die sexuelle Entwicklung und das Verhalten.
- Stressreaktion: Stresshormone wie Cortisol, Adrenalin und Noradrenalin helfen dem Körper, auf Stresssituationen zu reagieren, indem sie Energie mobilisieren und bestimmte Körperfunktionen anpassen.

Körper reguliert bleiben. Ein klassisches Beispiel ist die negative Rückkopplung: Hat ein Hormon einen bestimmten Effekt erreicht, wird die weitere Produktion des Hormons reduziert, um ein Übermaß zu verhindern.

Sie sehen: Hormone sind essenzielle Botenstoffe, die über den Blutkreislauf verteilt werden und lebenswichtige Informationen zu Organen oder Geweben übermitteln.

Neurotransmitter oder Hormon? Beides!

Vielleicht sind Sie beim Lesen der Abschnitte zu den Neurotransmittern und Hormonen über einzelne Stoffe gestolpert, weil Ihnen diese nicht als Hormon, sondern als Neurotransmitter begegnet sind oder umgekehrt. Das kann tatsächlich sein, denn es gibt einige Substanzen, die als Neurotransmitter *und* als Hormon fungieren. Dazu gehören Adrenalin, Noradrenalin, Dopamin, Serotonin, Somatostatin, TRH (Thyreotropin-Releasing-Hormon), Histamin, Oxytocin und Vasopressin. Diese Stoffe spielen eine wichtige Rolle im Organismus und bei der Kommunikation zwischen Körper und Gehirn. Sie zeigen auch, wie komplex miteinander vernetzt Nerven- und Hormonsystem sind.

Einer der bekanntesten dieser »Zwitter« ist Dopamin, oft auch als »Botenstoff des Glücks« bezeichnet. Als Hormon wird Dopamin von den Nebennieren ins Blut ausgeschüttet, und im Gehirn wird es als Neurotransmitter gebildet. Es steuert sowohl emotionale, geistige als auch motorische Reaktionen und ist verantwortlich dafür, dass wir Glücksgefühle empfinden.

Dopamin ist wesentlich dafür verantwortlich, dass Menschen süchtig werden, denn es wird im Gehirn im Nucleus accumbens ausgeschüttet, wenn wir etwas als angenehm empfinden. Dabei reicht das Spektrum von klassischen Süchten nach Drogen, Nikotin und Alkohol bis zu Verhaltenssüchten wie Spielsucht, Sex oder Social Media. Da sich das Gehirn mit der Zeit an die hohe Dopaminausschüttung durch diese Trigger anpasst, brauchen die Betroffenen immer mehr davon, um das gleiche gute Gefühl zu erleben.

Wenn zu viel oder zu wenig Dopamin im Organismus vorhanden ist, entstehen schwerste gesundheitliche Probleme. Durch einen Mangel an Dopamin kann es zur Erkrankung Morbus Parkinson kommen, während zu viel davon zu Halluzinationen oder Schizophrenie führen kann. Daran sehen Sie, wie differenziert und sehr fein Botenstoffe in unserem Organismus abgestimmt sein müssen, damit sämtliche Prozesse im Nervensystem optimal miteinander harmonieren und ablaufen können. Selbst ein einziger Neurotransmitter kann das gesamte System durcheinanderwirbeln!

VEGETATIVES NERVENSYSTEM – DIE UNBEWUSSTE SCHALT- UND INTERAKTIONSZENTRALE DES KÖRPERS

Das vegetative Nervensystem (VNS) ist die Schaltzentrale unseres Lebens, denn es ist sowohl zentral als auch peripher vorhanden und beeinflusst mit nur ganz wenigen Ausnahmen über seine peripheren efferenten Anteile alle menschlichen Gewebe. Es ermöglicht uns, in der Umwelt zu leben und zu agieren – sowohl psychisch als auch physisch. Es regelt sämtliche lebenswichtigen Funktionen des Herz-Kreislauf-Systems, den Stoffwechsel, die Verdauung, die Sekretion von Hormonen, unsere Sexualität und auch die so wichtige Körpertemperatur. Dies alles unterliegt nicht unserer willkürlichen Kontrolle. Deshalb wird das vegetative Nervensystem auch das »autonome« (selbstständige und unbewusste) Nervensystem genannt.

Das vegetative Nervensystem passt sämtliche Prozesse im Körperinneren bei Belastung oder Stress des Organismus entsprechend der jeweiligen Anforderung an. Dabei ist es eng mit dem somatischen (willkürlichen, bewussten) Nervensystem (SNS) verflochten, denn es erhält Informationen über unsere Sensorik. Wenn Sie beispielsweise ein Kochbuch ansehen, überlegen Sie nicht nur bewusst, was Sie kochen könnten. Bei manchen Gerichten läuft Ihnen das Wasser im Mund zusammen.

Ihr Körper zeigt Ihnen also durch Speichelsekretion, was Ihnen schmecken würde.

Damit unser Organismus überhaupt dauerhaft unter den verschiedensten Rahmenbedingungen und Anforderungen überleben kann, muss die Versorgung von Gehirn, Herz, Skelettmuskeln und allen anderen Geweben mit Sauerstoff und Nährstoffen in jedem Moment einwandfrei gewährleistet sein. Dabei spielt es keine Rolle, ob die Beanspruchung durch körperliche Arbeit, psychische Belastung oder auch durch Temperaturstress wie Kälte oder Hitze verursacht wird. Für all diese Veränderungen sind fast immer die gleichen Regulationsprozesse notwendig:

- Anpassung des kardiovaskulären Systems durch Veränderung der Durchblutung, Anpassung des Blutdrucks, Veränderung der Sauerstoffaufnahme und des Herzschlagvolumens,
- Angleichung des Flüssigkeitshaushalts, zum Beispiel durch Regulierung des Salz- und Wasserhaushalts sowie der Verteilung von Flüssigkeit im Körper,
- Veränderung des Gasaustauschs mit der Umwelt durch Anpassung des Lungenkreislaufs und des Atemwiderstands,
- Regelung der Körpertemperatur durch Produktion oder Abgabe von Wärme,
- Anpassung der Arbeit des Immunsystems und somit Veränderung der Körperabwehr,
- Regulation der Aufnahme und Abgabe von Energie, Nährstoffen, Mineralien, Wasser und Abfallprodukten.
- Regelung der Körpertemperatur durch Produktion oder Abgabe von Wärme über spezielle Feedbacksysteme, wobei die Intensität der Temperaturabweichung die Antwort bestimmt.

All diese sehr dynamischen und effektiven Steuerungs- und Regulationsprozesse basieren auf ständigen Rückmeldungen, die unsere Rezeptoren und Sensoren von den Organen des Körpers sowie aus der Umwelt zum Gehirn schicken. Das Großhirn hat die Kontrolle und sorgt für die vegetative Anpassung aller Organfunktionen an das Verhalten des Organismus.

Zum vegetativen Nervensystem gehört auch das viszerale periphere Nervensystem – Viszera ist die Bezeichnung für die inneren Organe (von lateinisch *viscera* für »Eingeweide«). Es umfasst alle Neuronen und Nerven, die die inneren Organe, die Blutgefäße und die Drüsen des Körpers innervieren. Die viszeralen sensorischen Axone transportieren Informationen wie den aktuellen Blutdruck, den Sauerstoffgehalt in den Arterien oder auch den Zuckergehalt im Blut in das ZNS. Die viszeralen motorischen Nerven steuern die Kontraktion und Entspannung der glatten (unwillkürlichen) Muskeln, beispielsweise die Wände der Blutgefäße oder auch des Darmtrakts. Sie steuern darüber hinaus auch zum Beispiel die Kontraktion des Herzmuskels und die Herzfrequenz sowie die sekretorische Funktion verschiedener Drüsen, wie zum Beispiel die Ausschüttung der Hormone der Schilddrüse. Diese vegetativen Nerven steuern auch manche unserer emotionalen Reaktionen, etwa wenn wir aus Scham erröten oder uns aus Angst das Herz bis zum Hals klopft. (Dazu später mehr.)

SYMPATHIKUS, PARASYMPATHIKUS und DARMHIRN

Das vegetative Nervensystem besteht aus Sympathikus, Parasympathikus und zusätzlich aus dem häufig vergessenen und eigenständigen Darmnervensystem, das erst seit einigen Jahren wissenschaftlich erforscht wird.

Der Sympathikus hat im Rückenmark seinen Ursprung im Brustmark und den oberen zwei bis drei Segmenten des Lumbalmarks, weshalb er auch »thorakolumbales System« genannt wird. Der Parasympathikus entspringt aus dem Hirnstamm und dem Sakralmark und wird auch als »kraniosakrales System« bezeichnet.

Die Endungen der Neurone liegen sowohl bei Sympathikus als auch bei Parasympathikus innerhalb und außerhalb des ZNS, und sie innervieren unter anderem die glatte Muskulatur der verschiedenen Organe des Körpers, die Drüsen, Blutgefäße sowie die Herzmuskelzellen. Das Darmnervensystem, auch enterisches System genannt, ist dagegen ein rein peripheres Nervensystem in den Wänden der Verdauungsorgane.

Sympathikus und Parasympathikus arbeiten im Körper als Gegenspieler: Dabei sorgt der Sympathikus für eine Aktivierung des Körpers in Stresssituationen, während der Parasympathikus Entspannung und Regeneration fördert.

Sympathikus – Leistungsmaschine des Körpers

Der Sympathikus aktiviert eine Vielzahl von Organen und Systemen im Körper, um ihn auf eine Kampf-oder-Flucht-Reaktion (Fight-or-Flight-Reaktion) vorzubereiten. Er stimuliert die Körperfunktionen und versetzt den Körper dadurch in eine deutlich erhöhte Leistungsbereitschaft. Sie kennen das aus Situationen, in denen Sie sehr aufgeregt waren: vor einer Prüfung, vor Gehaltsverhandlungen oder vor einem ersten Date. Sie hatten vielleicht schwitzige Hände, einen roten Kopf oder gar Durchfall. Diesen allgemeinen Zustand der Erregung des sympathischen Nervensystems bezeichnen wir als »Sympathikotonus«. Im Einzelnen bedeutet das konkret Folgendes:

- Die Herzfrequenz wird erhöht, ebenso wie die Kontraktionskraft des Herzens, sodass unser Herz kräftiger schlägt und mehr Blut pumpt.
- In der Lunge erweitern sich die Bronchien, um die Sauerstoffaufnahme zu verbessern.
- Die Leber setzt Glukose ins Blut frei, um schnell verfügbare Energie bereitzustellen.
- Damit die Muskeln gut arbeiten können, wird die Skelettmuskulatur stärker durchblutet, um mehr Sauerstoff und Nährstoffe bereitzustellen.
- Die Blutgefäße in der Haut verengen sich, um Blut aus den Außenbereichen des Körpers in die lebenswichtigen Organe zu lenken.
- Die Schweißproduktion wird zur Kühlung des Körpers erhöht.

- In den Augen erweitern sich die Pupillen, um die Sichtweite zu vergrößern.
- Die Verdauung wird gehemmt, indem die Darmbewegungen verringert und weniger Verdauungssäfte ausgeschüttet werden.
- Die Nebennieren schütten Adrenalin und Noradrenalin aus, die den Sympathikus-Effekt verstärken.
- Die Blasenentleerung wird gehemmt durch Entspannung der Blasenmuskulatur und Kontraktion des Blasenschließmuskels.

Der Sympathikus stellt durch all diese Maßnahmen sicher, dass der Körper unter Stress oder in Gefahrensituationen optimal funktioniert, indem er Energie mobilisiert und die Körperfunktionen auf das Überleben konzentriert und aktiviert.

Parasympathikus – Ruhepol und innere Waage

Der Parasympathikus ist der Gegenspieler des Sympathikus (von griechisch *para* für »gegen«) und genauso wichtig. Er beeinflusst dieselben Organe im Körper, jedoch immer mit dem Ziel, die Entspannung, Regeneration und den Aufbau von Energiereserven zu fördern (Rest-and-Digest-Modus). Sein Ziel ist es, das innere Gleichgewicht des Organismus, die Homöostase, wiederherzustellen und alles, was der Sympathikus hochgedreht hat, wieder in Balance zu bringen:

- Die Herzfrequenz wird verlangsamt und die Kontraktionskraft des Herzens verringert.

- Die Bronchien verengen sich, und die Schleimproduktion in den Atemwegen wird gefördert.
- Die Verdauung wird angeregt durch die Erhöhung der Darmbewegungen und die Sekretion von Verdauungssäften. Es werden auch wieder mehr Verdauungsenzyme in Magen, Bauchspeicheldrüse und anderen Verdauungsorganen ausgeschüttet.
- Die Glykogensynthese der Leber wird erhöht. Dadurch speichert sie Glukose in Form von Glykogen.
- Die Gallenblase wird angeregt, sich zusammenzuziehen, um Galle in den Dünndarm freizusetzen und so die Fettverarbeitung zu unterstützen.
- Die Blasenentleerung wird dringend, denn der Blasenmuskel zieht sich zusammen und der Schließmuskel entspannt.
- Das Auge verringert den Lichteinfall, indem es die Pupillen verengt. Das unterstützt das Sehen in der Nähe. Die Tränenproduktion steigt.
- Die Speicheldrüsen produzieren mehr Speichel, sodass die Verdauung unterstützt wird und der Mund feucht bleibt.

Der Hauptnerv des Parasympathikus ist der *Nervus vagus* (Vagusnerv). Er ist der längste unserer Hirnnerven und beginnt im Hirnstamm, verläuft durch den Hals, die Brust bis in den Bauchraum und kann je nach Körpergröße 70 bis 80 cm Länge erreichen. Da er viele innere Organe »beruhigt«, steht er bei Maßnahmen zur Entspannung und zur Stressregulation häufig im Mittelpunkt. Er ist aber auch sehr bedeutsam für die Körpersensibilität und damit für die Körperwahrnehmung.

Vagusnerv – Schaltstelle unserer Wahrnehmung und Achtsamkeit

Erst vor einigen Jahren wurde ein spezielles Netzwerk im Gehirn identifiziert, das direkt mit den Signalen des Magens gekoppelt ist und unter anderem das Hunger- und Sättigungsgefühl beeinflusst. 2022 zeigte ein Forschungsteam um Prof. Dr. Nils Krömer von der Universitätsklinik Tübingen erstmals, dass eine leichte elektrische Stimulation des Vagusnervs am Ohr die Kommunikation zwischen Magen und Gehirn innerhalb von Minuten verstärken kann. Dies kann für die Zukunft ganz neue Therapieansätze bedeuten, die insbesondere im Rahmen der Gewichtsregulation, aber auch bei vielen psychosomatischen Erkrankungen eine bedeutsame Rolle einnehmen dürften.

Neben einer solchen elektrischen Stimulation gibt es noch einige weitere Methoden, um den Vagusnerv aktiv und passiv zu stimulieren und seine Funktion zu verbessern:

- Tiefe und langsame Atmung: Tiefes, langsames Atmen, besonders die Bauchatmung, kann den Vagusnerv aktivieren und die Herzfrequenzvariabilität erhöhen.
- Singen, Summen, Mantras: Diese Aktivitäten erzeugen Vibrationen im Halsbereich, die den Vagusnerv stimulieren können.
- Kaltwasserexposition: Gesicht in kaltes Wasser tauchen oder kalte Duschen können den Vagusnerv aktivieren.
- Yoga und Meditation: Regelmäßige Yoga- und Meditationspraxis kann den Vagusnerv durch Stressabbau und Förderung der Entspannung stimulieren.
- Gesunde Ernährung: Eine ausgewogene Ernährung mit Probiotika fördert die Darmgesundheit, was wiederum den Vagusnerv beeinflusst.

- Massage: Besonders Massagen im Nackenbereich und Fußreflexzonenmassagen können den Vagusnerv stimulieren.
- Soziale Interaktionen: Positive soziale Bindungen und Beziehungen können den Vagusnerv indirekt über die Reduktion von Stress und die Förderung von Wohlbefinden aktivieren.

Wenn Sie solche Techniken regelmäßig anwenden, können Sie die Aktivität des Vagusnervs steigern. Das führt zu einer besseren Regulierung von Stress, einer verbesserten Verdauung und einem gesteigerten allgemeinen Wohlbefinden.

Parasympathikus – Schlüssel für guten Schlaf, Ruhepausen und Erholung

Ruhe, Erholung und Regeneration finden wir vor allem im Schlaf. Wenn Sie ein paar Tage hintereinander schlecht geschlafen haben, dann fühlen Sie sich gerädert, müde und kaputt, denn Schlaf ist essenziell für unsere Gesundheit und unser Wohlbefinden. Während des Schlafs dominiert der Parasympathikus. Seine »trophotrope« Wirkung fördert die Erholung und Regeneration des Organismus. Er fährt mit dem Einschlafen den Muskeltonus deutlich herunter und stellt die Pupillen eng. Die mittlere Herzschlagfrequenz nimmt ab, der Tonus der Blutgefäße sinkt und damit auch der Blutdruck. Die Aufnahmebereitschaft des Gehirns für Signale aus der Umwelt verringert sich, und der Kontakt zur Umwelt scheint im Schlaf sogar abgerissen zu sein. Doch ganz abgeschnitten sind wir nicht: Wichtige Signale wie das leise Weinen des Babys nebenan oder eine Sirene vor der Tür nehmen wir wahr, während andere gewohnte Geräusche nicht stören.

Unseren Schlaf-Wach-Rhythmus und damit auch unseren zirkadianen Rhythmus des 24-Stunden-Tags bestimmen in erster Linie Neurone des suprachiasmatischen Nukleus (SCN). Sie sorgen für Schwankungen des Wachniveaus und auch der Schlaftiefe. Im Tagesverlauf erleben wir Zeitfenster voller Vitalität und Leistungsfähigkeit und auch Phasen von geringer Konzentration und Aufmerksamkeit. – Denken Sie nur an das Mittagstief. – Das liegt unter anderem darin begründet, dass sich die Aktivität vieler Neurone des ZNS regelmäßig und periodisch ändert. Sympathikus und Parasympathikus wechseln sich ab und sorgen für mehr oder weniger Leistungsfähigkeit. Wenn Sie es einrichten können, empfehle ich Ihnen, in diesem Rhythmus mitzuschwingen und etwa alle anderthalb Stunden eine kleine Pause zu machen. Dann schaffen Sie mehr, als wenn Sie gegen Ihren Biorhythmus anarbeiten, und fühlen sich am Feierabend zwar rechtschaffen müde, aber nicht abgekämpft oder ausgelaugt.

Einschlaf-Kloni

Wenn wir einschlafen, sinkt der Muskeltonus deutlich. Gleichzeitig steigt aber in dieser Phase die Wahrscheinlichkeit für synchrone neuronale Entladungen, und wir spüren das oft als starke Muskelzuckungen: Plötzlich streckt sich ein Bein oder ein Arm, ohne dass wir etwas dagegen tun können. Wissenschaftler nennen diese unwillkürlichen Muskelzuckungen »Einschlaf-Kloni«. Sie kommen etwa bei zwei Dritteln der Erwachsenen vor und sind harmlos. Sie haben nichts mit dem Restless-Legs-Syndrom (RLS) zu tun, bei dem sich die Beine in Ruhephasen bewegen wollen. Manchmal zucken sie und stören den Schlaf. Verursacht wird dieses Phänomen von Eisenmangel oder einem gestörten Dopamin-Stoffwechsel.

Darmnervensystem: unser zweites Gehirn

Die Briten nennen es »second brain«, zweites Gehirn, und machen damit deutlich, wie wichtig das enterische Nervensystem (ENS), also unser Darmnervensystem, ist. Tatsächlich wissen wir inzwischen durch die intensivere Forschung, dass es ungefähr so viele Neurone enthält wie das Rückenmark und so komplex ist wie das ZNS. Damit ist der Darm weit mehr als ein »schmuddeliger Verdauungsapparat«, um den man sich nur kümmert, wenn er nicht funktioniert.

Das ENS kann völlig allein sämtliche notwendigen Bewegungen des »Darmschlauchs« zur Verarbeitung, Durchmischung und zum Weitertransport des Darminhalts sowie alle notwendigen Sekretionsvorgänge im Organismus regeln. Es kann also völlig autonom arbeiten, wird aber normalerweise von Sympathikus und Parasympathikus beeinflusst.

Aufgrund der großen Differenziertheit wird dieses System zu Recht auch als Gehirn des Darms bezeichnet: Das ENS besteht aus zahlreichen Ansammlungen von Nervenzellen, kleinen Ganglien, die vor allem zwischen der glatten Längsmuskulatur und der glatten Ringmuskulatur des Darms liegen. Die sensorischen Neurone reagieren auf Dehnung und Kontraktion der Darmwand oder auch auf chemische Reize. Die motorischen Neurone innervieren die Längs- und Ringmuskulatur des Darms sowie die Drüsenzellen und weitere endokrine Zellen. Zusätzlich befinden sich Interneurone zwischen den sensorischen und motorischen Neuronen. Es ist also kein Wunder, dass unser Darmnervensystem sehr sensibel reagiert, wenn es um unser Wohlbefinden oder um Stress geht. Entsprechend weist ein »Reizdarm« auf übermäßige psychische Belastung hin.

Im Darm werden außerdem Hormone produziert, die nicht nur für die Verdauung, sondern insbesondere auch für unsere Stimmung verantwortlich sind. So stammen 90 Prozent des »Gute-Laune-Hormons« Serotonin aus dem Darm. Das ist noch nicht alles, denn 70 bis 80 Prozent aller Immunzellen befinden sich im Darm. Störungen des Mikrobioms, besser bekannt als Darmflora, können das Immunsystem direkt aktivieren, und das wiederum beeinflusst das Gehirn zum Beispiel durch Entzündungsbotenstoffe und versetzt es in Alarmbereitschaft. Andererseits produzieren die Billionen von unterschiedlichen Mikroorganismen im Darm Stoffe, die über das Blut oder das Nervensystem auf das Gehirn einwirken. So produzieren zum Beispiel bestimmte Darmbakterien kurzkettige Fettsäuren (wie Butyrat), die Entzündungen im Körper hemmen und dadurch die Gehirnfunktionen optimieren.

Der Darm beeinflusst also in vielfältiger Weise unser Gehirn bis hin zu größeren Problemen wie Depressionen, Angststörungen oder auch einer erhöhten Stressanfälligkeit. Stresshormone wie Cortisol können beispielsweise die Darmflora und die Darmbarriere schädigen, was bei chronischen Stressreaktionen häufiger passiert. Chronischer Stress kann sogar die Peristaltik, die Darmbewegung, stören, was dann zum unten beschriebenen Reizdarm führen kann. Eine gesunde Darmflora dagegen unterstützt Gedächtnis und Konzentration.

Die Funktionen des Darmnervensystems werden über das sympathische und das parasympathische Nervensystem an das Verhalten des Organismus je nach Situation und Anforderungen angepasst. Das zeigt gleichzeitig auch, dass wir gerade durch Veränderungen unseres allgemeinen Lebensstils das Nervensystem des Darms beeinflussen können.

Bauchgefühl – das Flüstern der Darm-Hirn-Achse

Ein Bauchgefühl, auch als Intuition bezeichnet, ist das Gefühl oder die Einschätzung, die wir von einer Situation haben, ohne dass eine bewusste, logische Analyse oder ausführliche Überlegung dahintersteckt. Es ist eine Art unbewusstes Wissen, das sich durch körperliche Empfindungen wie ein Kribbeln oder ein mulmiges Gefühl im Bauch äußert. Viele Menschen verlassen sich auf ihr Bauchgefühl, um schnelle Entscheidungen zu treffen, besonders in Situationen, in denen nicht genügend Informationen vorliegen oder eine sofortige Reaktion erforderlich ist. Diese Entscheidungen sind oft sogar besser als jene, die nach langem Abwägen getroffen wurden, wie wissenschaftliche Experimente zeigen konnten.

Das Kribbeln im Bauch entsteht durch die Kommunikation zwischen ENS und Gehirn über die sogenannte Darm-Hirn-Achse. Diese Verbindung, an der unser Vagusnerv wesentlich beteiligt ist, funktioniert in beide Richtungen. Wenn wir uns gestresst, aufgeregt oder nervös fühlen, aktiviert das Gehirn den Sympathikus, der den Körper auf eine Kampf-oder-Flucht-Reaktion vorbereitet. Diese Aktivierung führt zu einer Freisetzung von Adrenalin und anderen Stresshormonen, die verschiedene körperliche Reaktionen auslösen, einschließlich einer veränderten Durchblutung und Muskelspannung im Verdauungssystem. Diese Veränderungen können das Kribbeln im Bauch hervorrufen.

Mittlerweile ist bekannt, dass das Verdauungssystem und das ZNS in ständigem engem Informationsaustausch stehen. Ebenso haben Untersuchungen gezeigt, dass Emotionen subjektive Empfindungen im Körper und insbesondere im Magen hervorrufen können. Dr. Giuseppina Porciello und ihre Kollegen von der Universität La Sapienza in Rom zeigten, dass

Emotionen die Physiologie des Magens verändern und sich auch daraus ein Bauchgefühl ergibt. Dafür schluckten die Probanden eine Smart Pill, die via Bluetooth Messwerte zu pH-Wert, Temperatur, Druck und Magendarmmilieu an einen Rechner übermittelte. Dann sahen die Testpersonen kurze Videoclips, die verschiedene Emotionen wie Ekel, Angst, Glück oder Traurigkeit auslösten. Wie eng unser Magen-Darm-Trakt mit unseren Emotionen verbunden ist, zeigten die eindrucksvollen Daten: Je mehr die Versuchspersonen Ekel oder Angst fühlten, umso höher war der pH-Wert. Umgekehrt ergaben größere Glücksgefühle einen deutlich geringeren pH-Wert im Magen.

Das Bauchgefühl und die Intuition interessieren längst nicht nur Naturwissenschaftler, sondern auch Psychologen. Mittlerweile sehen die meisten Wissenschaftler einen Zusammenhang zwischen Intuition und Rationalität und gehen davon aus, dass unsere Entscheidungen nicht nur auf der einen oder der anderen Ebene stattfinden. Prof. Tilmann Betsch, Wirtschaftspsychologe von der Universität Erfurt, untersucht seit Jahren, wie Bauchgefühl und bewusstes Denken zusammenarbeiten, und ist der Meinung, dass Intuition und rationales Denken keinen Widerspruch darstellen, sondern zusammengehören. Sein Forschungsteam kommt zu dem Schluss, dass die Informationssuche bewusst abläuft. Diese Suche liefert aber den Raum, in dem die Intuition die Information einbezieht und zu einer Entscheidung formt.

Auch andere Experten wie Prof. Annette Bolte oder Prof. Thomas Goschke veröffentlichten bereits im Jahre 2005 an der TU Dresden eine Studie, in der sie davon sprechen, dass Intuition und damit das Bauchgefühl keine besonderen oder mystischen Fähigkeiten sind. Stattdessen basieren diese intuitiven Entscheidungen immer auf bestehendem Wissen.

Das zeigt wieder einmal, wie komplex und vielfältig unser Organismus ist. Dem wird eine simple Einteilung in zwei Kategorien bei der Entscheidungsfindung – in Intuition und Bauchgefühl versus rationales Denken – niemals gerecht. So einfach sind die Vorgänge nicht, die ständig in unserem Gehirn und unserem Nervensystem ablaufen. Bis wir die Zusammenhänge richtig verstanden haben, wird es wohl noch lange dauern.

Mit KLOPFENDEM HERZEN und STOCKENDEM ATEM: das VEGETATIVE NERVENSYSTEM in Aktion

Rund um die Uhr, Tag für Tag, Jahr um Jahr arbeitet unser vegetatives Nervensystem dafür, dass unser Organismus möglichst einwandfrei funktioniert und wir unser Leben bewältigen können, egal, wie ruhig oder wie hektisch wir es gerade führen. Meist merken wir nichts davon, schließlich heißt es nicht umsonst unbewusstes oder autonomes Nervensystem. Es steuert einfach brav unsere physiologischen Abläufe. Doch gerade unser Herzschlag, unsere Atmung und unsere Verdauung sind wichtige Körperfunktionen, die wir durchaus öfter spüren und an denen ich Ihnen konkret zeigen möchte, wie unser VNS für uns arbeitet und sich stetig bemüht, ein neues Gleichgewicht zu erreichen. Sie wissen ja: Das Ziel heißt immer Homöostase.

Unser Herz pumpt jeden Tag etwa 10 000 Liter Blut durch unseren Körper, um alle Zellen mit Sauerstoff und Nährstoffen zu versorgen, und schlägt dafür 60- bis 80-mal pro Minute. Das macht etwa 4200 Schläge pro Stunde und 100 000 Schläge pro Tag. Die Anzahl der Herzschläge pro Minute heißt Herzfrequenz und wird durch verschiedene Mechanismen im Körper gesteuert. Sie ist ein wichtiger Indikator für die Fitness und Gesundheit unseres Herz-Kreislauf-Systems. Nicht umsonst messen Sportler besonders während ihrer sportlichen Aktivität ihre Herzfrequenz, denn damit können sie einerseits ihre Belastung kontrollieren und andererseits auch ihre Regeneration und Ruhephasen planen. Aber die Herzfrequenz ist nicht nur interessant für Sportler, auch im Alltag sollten wir uns sehr viel häufiger mit ihr beschäftigen, denn sie zeigt uns, wie fit und gesund wir sind oder ob wir in unserem Alltag vielleicht öfter eine Pause machen sollten.

Die Herzfrequenz wird durch das autonome Nervensystem reguliert. Dabei erhöht der Sympathikus die Herzfrequenz, und zwar vor allem in Stresssituationen (Fight-or-Flight-Reaktion) oder bei körperlicher Aktivität. Der Parasympathikus senkt dagegen die Herzfrequenz, besonders im Ruhezustand (Rest-and-Digest-Modus). Zusätzlich beeinflussen hormonelle Faktoren wie Adrenalin und Noradrenalin die Herzfrequenz, und auch externe Faktoren wie Temperatur, Ernährung, Flüssigkeitszufuhr und Emotionen spielen eine Rolle. Adrenalin als Stresshormon erhöht die Herzfrequenz. Hohe Temperaturen, Dehydrierung und eine sehr »schwere« Ernährung steigern ebenfalls die Herzfrequenz, weil der Stoffwechsel dann einfach sehr viel mehr Arbeit hat.

Übrigens besteht ein sehr enger Zusammenhang zwischen Herz- und Atemfrequenz, besonders unter Belastung, aber auch bei Stress. Das merken Sie immer dann, wenn Sie eine Treppe hochgehen müssen oder schnell noch den Zug erreichen wollen. In Ruhe beträgt die Atemfrequenz etwa 12 bis 16 Atemzüge pro Minute. Bei körperlicher Aktivität steigen sowohl die Atem- als auch die Herzfrequenz, um den erhöhten Sauerstoffbedarf des Körpers zu decken.

Direkt aus dem Ruhezustand heraus in eine physische Belastung zu wechseln, führt immer dazu, dass wir kurzzeitig schnell außer Atem kommen. Das liegt daran, dass die Atemfrequenz ein wenig schneller reagieren muss als die Herzfrequenz, die etwas träger in ihrer Reaktion ist. Wenn die Herzfrequenz dann hochgefahren ist und uns ausreichend mit Sauerstoff über das Blut versorgen kann, dann beruhigt sich auch langsam der Atem. Bei beiden geht es also um unsere optimale Versorgung mit Sauerstoff. Ist der eine Mechanismus noch nicht warmgelaufen, dann übernimmt der andere.

Herzfrequenz als Gesundheits-Check

Unsere maximale Herzfrequenz verringert sich im Laufe des Lebens pro Jahr um etwa einen Schlag pro Minute. Diese Abnahme ist vor allem relevant für körperliche Belastungen, weil sie die maximale Leistungsfähigkeit des Herz-Kreislauf-Systems im Alter begrenzt. Aber: Im Ruhezustand bleibt die Herzfrequenz bei einem gesunden Herz auch im Alter noch stabil. Deswegen ist die Ruhe-Herzfrequenz immer ein wichtiger Indikator für unsere Gesundheit und unsere aktuelle Verfassung. Steigt sie um einige Schläge an, ist dies ein sicheres Zeichen für eine Überlastung oder eine Erkrankung. Der Ruhepuls steigt allein um etwa acht bis neun Schläge an, wenn sich die Körpertemperatur bei Fieber um 1 Grad Celsius erhöht.

Wir sollten unsere Herzfrequenz ab und zu morgens vor dem Aufstehen kontrollieren, vor allem dann, wenn wir das Gefühl haben, dass etwas nicht stimmt und wir uns unwohl fühlen. Die Herzfrequenz erzählt uns beispielsweise viel früher vor dem Aufflackern eines grippalen Infektes, ob wir bereits erkrankt sind. Eine hohe Ruhe-Herzfrequenz kann auch auf einen psychischen Zusammenbruch wie Burn-out hinweisen. Wenn wir dieses Zeichen unseres Körpers rechtzeitig wahrnehmen, können wir früher gegensteuern und das Schlimmste verhindern. Der Körper ist eben sensibel und reagiert auf kleinste Veränderungen.

Tipp: Messen Sie Ihre Ruhe-Herzfrequenz

Morgens unmittelbar nach dem Wachwerden und direkt vor dem Aufstehen erspüren Sie entweder in Höhe des Daumengrundgelenks oder an der Halsschlagader für 15 Sekunden die Anzahl der Schläge. Diese multiplizieren Sie mit 4. Dadurch erhalten Sie die Anzahl der Schläge pro Minute: Das ist Ihre aktuelle Ruhe-Herzfrequenz. Messen Sie diese Frequenz über eine ganz normale Woche und ermitteln Sie dann daraus Ihren durchschnittlichen Ausgangswert, an dem Sie sich immer orientieren können.

Wearables – verlernen wir dadurch zuzuhören?

Wearables sind schon fast zu einem Markenzeichen von Fitness und Gesundheit in unserer Gesellschaft geworden. Jeder, der etwas auf sich hält, dokumentiert mit einer solchen »Uhr«, dass er auf sich und sein Leben achtet. Mir kommt es allerdings so vor, als bliebe dadurch bei vielen Menschen ihre Beziehung zu sich und ihrem eigenen Körper mit seinen Reaktionen im Alltag oder auch beim Sport auf der Strecke. Um gesund zu bleiben und unbeschadet durch sämtliche Belastungen des Lebens und des Alltags zu kommen, ist jedoch gerade die Integration dieser Informationen aus dem Inneren und die Rücksichtnahme darauf ganz entscheidend.

Tatsächlich sind Wearables ein riesiger Markt, denn seit 2016 hat sich der weltweite Absatz dieser kleinen Messinstrumente verfünffacht. Allein in Deutschland verkauften sich im Jahr 2023 fast 6 Millionen Wearables! Der globale Markt für Fitness-Apps wurde 2024 auf etwa 2,10 bis 2,21 Milliarden US-Dollar geschätzt. Offensichtlich hat fast jede und jeder das Bedürfnis, sich vermessen zu wollen. Im Sinne der Gesundheitsvorsorge und der Früherkennung von Krankheiten kann das sinnvoll sein, aber in allererster Linie geht es meiner Meinung nach vor allem um ein Business und um Big Data.

Bei Sportlern und Sportlerinnen hat sich die Messung der Herzfrequenz bereits vor 40 Jahren nicht nur im Spitzensport, sondern auch im Breitensport etabliert und ist durch die Apps und Wearables sehr unkompliziert geworden. Mithilfe dieser einfachen Herzfrequenzmessung können die Aktiven sowohl ihr Training optimal steuern als auch Veränderungen und Fortschritte dokumentieren und zur Motivation nutzen. Sportliche Menschen verfügen allerdings in der Regel bereits über eine gewisse Fähigkeit, sich selbst einzuschätzen und ihre Körperreaktionen wahrzunehmen und zu interpretieren. Die sieht jedoch bei inaktiven und unsportlichen Menschen meist völlig anders aus. Deshalb sehe ich die Bereitstellung von Daten über derartige Wearables durchaus kritisch.

Für das Verständnis von Werten wie der Herzratenvariabilität, der Sauerstoffsättigung im Blut oder sogar eines EKGs braucht der User dringend ein Grundverständnis der Zusammenhänge. Sonst wird die Interpretation dieser Angaben wahrscheinlich zu falschen Schlüssen führen. Gesundheitsbezogene Daten, die gesundheitliche Risiken beschreiben können, in die Hände von Laien zu legen, halte ich für sehr problematisch, denn eine Fehlinterpretation kann schwerwiegende Folgen haben. Sie versuchen doch auch nicht, beim TÜV die Abgaswerte Ihres Autos zu verstehen und zu interpretieren. Aber ähnlich geht es wahrscheinlich den meisten Menschen mit den Daten der Wearables. Ohne grundlegendes Verständnis der physiologischen Abläufe dahinter ist das Messen dieser Körperfunktionen ohne jeglichen Wert – jedenfalls für das Individuum, das dieses Instrument besitzt! Google, Apple und Co. allerdings profitieren davon, denn sie sammeln Daten (auch von Ihnen!) und werden diese natürlich irgendwann »kostenlos« nutzen und wahrscheinlich teuer verkaufen.

Eine Gefahr ist außerdem, dass daraus Ängste entstehen können, besonders wenn jemand leicht »hypochondrisch« veranlagt ist. Eine Studie von Dr. Tariq Andersen von der Universität Kopenhagen zeigte deutlich, dass Menschen Daten sofort mit sich vergleichen, wenn sie ihnen zur Verfügung stehen. Problematisch wird das vor allem dann, wenn bereits Probleme wie eine Herzerkrankung vorliegen. Wenn die Betroffenen dann Informationen zur Reaktion ihres Herzens erhalten, und sei es nur die Herzfrequenz, werden sie sofort Bezüge zwischen diesen Daten und ihrer eigenen Erkrankung herstellen, obgleich diese in den meisten Fällen wahrscheinlich völlig irrelevant sind.

Ich möchte an dieser Stelle nicht den Eindruck erwecken, ich sei ein Gegner von Wearables. Aber mich stört zum einen das Business, das dahintersteckt. Zum anderen gehören diese Messdaten nicht in die Hände von Laien. Wichtig ist mir aber vor allem, dass wir Menschen nicht unsere Selbstwahrnehmung und Kompetenz für uns und über uns, also uns selbst zu steuern, zu hegen und zu pflegen, an Algorithmen und Messgeräte abgeben!

Dass die Daten von Wearables noch ganz anders eingesetzt werden können, zeigt die Stadt Chicago, die einen »Chicago Health Atlas« entwickelt. Die Daten sind transparent und leicht verständlich, und alle, die wollen, können sie nutzen. Jeder Bürger und jede Bürgerin hat die Möglichkeit, die eigenen Daten abzugeben und nachzuschauen, wie es zum Beispiel in verschiedenen Stadtteilen von Chicago hinsichtlich der gesundheitlichen Risiken aussieht. Die Stadt will daraus Maßnahmen ableiten, die zu einer gesünderen Stadt führen sollen. Ein sehr schönes Projekt, bei dem auch ich meine Daten gern abgeben würde, weil ich weiß, wo sie hingehen und was damit gemacht wird.

Positiv ist auch, dass gerade in der Anfangsphase eines neuen aktiven Lebens die Motivation durch so ein Messgerät oft deutlich steigt, denn es dokumentiert den Erfolg des Tuns. Das ist wichtig, um langfristig dabeizubleiben. Eine Studie aus dem Jahre 2024 von einer Forschergruppe um Dr. Lindsey Rosman und Kollegen von der University of North Carolina in Chapel Hill zeigte, dass Menschen sich nach Anschaffung eines derartigen Instruments mehr bewegen und auch mehr auf sich achten.

Vielleicht ist es der beste und sinnvollste Weg, die Daten der Apps und Wearables lediglich als Unterstützung zu nutzen, um ein besseres Verständnis für den eigenen Körper zu entwickeln. Gerade wenn Sie damit beginnen, könnte die Technik sogar helfen, die Signale Ihres eigenen Körpers überhaupt wahrzunehmen und mit wenigen ausgewählten Parametern wie Herzfrequenz und Herzfrequenzvariabilität (HRV) das eigene Körperbewusstsein schrittweise zurückzugewinnen.

Perfektionserschöpfung

Immer öfter werden Phänomene wissenschaftlich untersucht, die Krankheiten ähneln und auf ein ständiges Streben nach Perfektion zurückgehen. Menschen mit Perfektionserschöpfung arbeiten nahezu zwanghaft an ihrer Selbstoptimierung und überfordern sich damit selbst. Letztlich geht es oft darum, dass durch diesen überproportionalen Einsatz von Wearables und Apps das Körpergefühl und die Körperwahrnehmung auf der Strecke bleiben. Irgendwann müssen die Betroffenen erkennen, dass dies nicht der richtige Weg ist und schon gar nicht über wenige Messwerte einer Gesundheits-App abgebildet werden kann. Das Krankheitsbild der Orthosomnie beschreibt beispielsweise eine Schlafstörung aus Angst vor einer Schlafstörung. Ähnlich verhält es sich mit der Orthorexie, die das zwanghafte Bestreben nach einer gesunden Ernährung beschreibt.

Zerbrochenes Herz: das Broken-Heart-Syndrom

Vielleicht haben Sie es selbst schon erlebt: Das Ende einer Liebesbeziehung, einer Ehe oder gar der Verlust eines geliebten Menschen durch Tod kann intensive Gefühle von Schmerz und Verlust auslösen, von Trauer und Kummer, manchmal auch ein lang anhaltendes Gefühl der Leere oder Hoffnungslosigkeit. Solche starken, extremen emotionalen Reaktionen äußern sich fast immer auch körperlich: Appetitverlust, Schlafstörungen, eine deutlich erhöhte Anfälligkeit für Stress und Angst sind dann nicht selten. Doch beim Broken-Heart-Syndrom leben die Betroffenen unbewusst ihre Emotionen noch viel stärker körperlich aus: Sie entwickeln Symptome, die einem Herzinfarkt gleichkommen – und sogar zum Tod führen können!

Das Broken-Heart-Syndrom, auch als Takotsubo-Kardiomyopathie bekannt, ist letztlich eine starke körperliche Reaktion des Herzens auf extremen Stress. Der japanische Wissenschaftler und Kardiologe Prof. Hikaru Sato vom Hiroshima City Hospital beschrieb das Takotsubo-Syndrom (TTS) erstmals im Jahre 1990. Das japanische Wort *tsubo* bezeichnet einen Tonkrug mit breitem Boden und schmalem Hals. In Japan wird dieses Gefäß traditionell zum Fang von Tintenfischen (*tako*) verwendet. Das erkrankte Herz erinnert mit seiner ballonartig vergrößerten Spitze an die Form dieses Krugs. International ist diese Erkrankung unter dem Namen »Broken Heart Syndrome« bekannt, in Deutschland sprechen wir meist von einer »Stresskardiomyopathie«.

Bei dieser Erkrankung nimmt die linke Herzkammer eine ballonartige Form an. Diese Verformung schwächt die Pumpfunktion des Herzens und kann Symptome hervorrufen, die denen eines Herzinfarkts ähneln, wie Brustschmerzen und Atemnot. Diese Symptome verstärken sich oft noch, weil nun zusätzlich zur enormen psychischen Belastung durch den Verlust auch noch die Angst um das eigene Leben hinzukommt. Für Laien ist TTS beim ersten Auftreten nicht von einem gravierenden Infarkt zu unterscheiden. Aber während ein Herzinfarkt durch eine Blockade der Koronararterien verursacht wird, gibt es beim Broken-Heart-Syndrom keine solche Blockade. Obwohl es akut auftritt und sehr ernst sein kann – und das ist die gute Botschaft –, ist das Broken-Heart-Syndrom in den meisten Fällen nur vorübergehend, und die Herzfunktionen normalisieren sich erfahrungsgemäß innerhalb weniger Wochen wieder. Das Syndrom kann jedoch wieder auftreten, wenn Betroffene erneut starkem Stress ausgesetzt sind. Grundsätzlich ist es daher wichtig, sich Unterstützung zu holen. Emotionale Wunden brauchen Zeit zum Heilen, und Gespräche mit Freunden, Familie oder einem Therapeuten können helfen.

Wenn Symptome wie Brustschmerzen auftreten, sollte sicherheitshalber immer sofort (!) medizinische Hilfe in Anspruch genommen werden, um ernsthafte gesundheitliche Probleme auszuschließen.

TTS ist weiblich

Aktuellen Erhebungen zufolge haben etwa 3 bis 5 Prozent der Menschen, bei denen zunächst ein Herzinfarkt vermutet wurde, in Wirklichkeit ein TTS. Bei Frauen ist der Anteil sogar deutlich größer als bei Männern, denn etwa 90 Prozent aller Betroffenen sind weiblich und dabei nur ein Fünftel jünger als 50 Jahre: Das mittlere Alter des Auftretens von TTS liegt in der Regel bei 68 Jahren.

Warum Frauen deutlich häufiger betroffen sind als Männer, wird in wissenschaftlichen Kreisen seit vielen Jahren diskutiert. Viele der Betroffenen befinden sich in der Phase der Menopause oder danach, und so vermuten Wissenschaftler, dass der Mangel an Östrogen möglicherweise eine Rolle spielen könnte. Östrogen schützt nämlich die Zellen des Herzmuskels vor schädlichen Einflüssen von Stresshormonen. Durch den Östrogenmangel nimmt als Folge die Dichte der Stresshormonrezeptoren am Herzen zu, und diese werden insgesamt sogar noch aktiver und sensibler. Leider fehlen aber bisher überzeugende Daten, dass sich die Östrogenspiegel von TTS-Betroffenen und einer Kontrollgruppe wirklich relevant und wissenschaftlich nachweisbar unterscheiden.

Wie das Herz auf Stress und Belastung reagiert, verändert sich in der Art und Weise sowie der Intensität in der Menopause ebenfalls. So gewinnt insbesondere der Sympathikus, also jener Teil unseres autonomen Nervensystems, der zu einer Leistungssteigerung des Herzens führt, in dieser Phase des Lebens deutlich mehr an Einfluss. Auch bei der Stressverarbeitung im Gehirn und im zentralen vegetativen Nervensystem gibt es einige geschlechtsspezifische Unterschiede. Während bei Männern im Alter die Aktivität der Amygdala abnimmt, bleibt sie bei den Frauen stabil, wie Dr. Alexia Rossi mit ihrem Forscherteam von der Universität Zürich im Jahre 2022 im *European Heart Journal* beschreibt.

Herz und Kopf sprechen ständig miteinander

Kopf und Herz sind fast wie Zwillinge, denn sie sind eng über das autonome Nervensystem miteinander vernetzt. Dies erlaubt unserem Körper, die Herzleistung rasch und ohne unser bewusstes Zutun ständig an einen veränderten Bedarf anzupassen, wie beim Treppensteigen, Fitnesstraining, bei einer Wanderung oder auch bei einer plötzlichen Bedrohung. Dies alles sind Stressreize, die unser vegetatives Nervensystem schnell und unproblematisch beantworten muss. Dazu erhält es Signale aus dem Körper und der Außenwelt und gleicht sie mit unseren emotionalen Erfahrungen ab. Anschließend regulieren Sympathikus und Parasympathikus taktgenau sämtliche Herzfunktionen. Bei diesen Prozessen scheinen für die Entstehung des TTS hauptsächlich zwei Regionen des Gehirns bedeutsam zu sein: die Insula und die Amygdala.

Die Insula gilt als bedeutsamer Ort im Gehirn für die Interozeption, also die Wahrnehmung von inneren Signalen aus dem Körper. Die Aktivität korreliert etwa damit, wie sehr jemand sein eigenes Herz schlagen spürt. Innerhalb dieser Hirnregion übernehmen kleinere Areale verschiedene Aufgaben. So wird der hintere Teil insbesondere durch Reize wie Kälte oder Schmerz aktiviert, während der vordere Bereich diese eingegangenen Reize emotional verknüpft und sie so beispielsweise mit einem Gefühl von Unbehagen oder Angst verbindet.

Zudem steuert die Insula vegetative Vorgänge mit und wirkt auf diese Weise auch direkt auf das Herz-Kreislauf-System. So ist es letztlich kein Wunder, dass sich Empfindungen durch die Interaktion und Kommunikation zwischen Hirn und Herz, die sogenannte Hirn-Herz-Achse, auch unmittelbar in der Arbeit unseres Herzens widerspiegeln – bis dahin, dass sehr starke emotionale Belastungen Veränderungen am Herzen nach sich ziehen können wie beim Broken-Heart-Syndrom.

Prof. Christian Templin vom universitären Herzzentrum der Stadt Zürich untersuchte in Studien von 2018 dazu die kortikale Dicke und die Oberfläche verschiedener Areale des Gehirns von 20 Patientinnen mit diagnostiziertem TTS sowie von 39 gleichaltrigen gesunden Frauen. Die TTS-Betroffenen zeigten im Rahmen der MRT-Untersuchungen einerseits deutlich weniger graue Substanz in den untersuchten Arealen sowie auch Hinweise darauf, dass bei ihnen Bereiche des vegetativen Nervensystems deutlich schwächer vernetzt waren.

Sodbrennen – die Säuren-Basen-Balance kippt

Das unangenehme, brennende Gefühl hinter dem Brustbein, wenn die Magensäure zurück in die Speiseröhre fließt, kennen Sie sicher auch. Damit sagt Ihr Körper deutlich, dass das Festessen, das Ihnen so gut und reichlich geschmeckt hat, zu schwer war. An Sodbrennen leiden tatsächlich etwa 20 bis 30 Prozent der Erwachsenen in Europa regelmäßig. In erster Linie betrifft es übergewichtige Menschen, meist Männer, weil sich aus der Gewichtsbelastung ein erhöhter Druck auf den Magen ergibt. Auch Frauen berichten während einer Schwangerschaft über häufiges Sodbrennen, weil dann der Druck auf den Magen ebenfalls erhöht ist.

Am häufigsten kommt Sodbrennen aber bei Menschen vor, die ein schlechtes Ernährungsverhalten haben mit viel säurebildenden Lebensmitteln wie Fertiggerichten, frittierten Speisen, Tomaten, scharfen Gewürzen, Alkohol, Kaffee und vielen Süßigkeiten beziehungsweise zuckerhaltigen Limonaden.

Aber auch Stress spielt eine große Rolle, denn bei Stress wird die Magensäureproduktion deutlich erhöht. Wer seinen Stress zusätzlich mit Nikotin beantwortet, schwächt den Schließmuskel der Speiseröhre noch weiter. Außerdem können bestimmte Medikamente wie Kortikosteroide oder NSAR mitverantwortlich sein. (NSAR, also nichtsteroidale Antirheumatika, enthalten beispielsweise Acetylsalicylsäure, Ibuprofen und Diclofenac. Kortikosteroide oder NSAR sind die stärksten Medikamente zur Bekämpfung von Entzündungen im Körper.)

Sodbrennen ist also ein Zeichen des Organismus, den eigenen Lebensstil grundsätzlich zu hinterfragen, will man nicht lebenslang Protonenpumpenhemmer (»Magenschutz«) einnehmen, die die Säureproduktion hemmen. Das Wichtigste ist bei Sodbrennen zunächst, mit dem Rauchen aufzuhören, das Übergewicht zu reduzieren, nach dem Essen die ersten zwei Stunden »aufrecht« zu bleiben oder einen Spaziergang zu machen sowie häufiger und dann kleinere Portionen zu essen. Unterstützt werden sollte dies mit magenfreundlichen Lebensmitteln wie Haferflocken, Reis, Vollkornprodukten und zum Beispiel mehr pflanzlichen Milchprodukten wie Mandelmilch oder Reismilch.

Hält Sodbrennen an oder wird gar chronisch, sollten Sie dringend einen Arzt konsultieren, denn es gilt, schwerwiegende Komplikationen wie eine Entzündung der Speiseröhre zu vermeiden, was dann noch größere Probleme nach sich ziehen würde. Sodbrennen ist also ein echter Hilferuf des Magen-Darm-Trakts, und auf den sollten wir dringend hören und eingehen.

Wenn Stress nicht verdaut wird: Reizdarm und -magen

Bauchschmerzen und Krämpfe, oft nach dem Essen, veränderte Stuhlgewohnheiten mit Durchfall, Verstopfung oder Blähungen sowie Völlegefühl und ein Gefühl der unvollständigen Darmentleerung sind die typischen Symptome des Reizdarm-Syndroms (RDS). Dagegen charakterisieren Schmerzen und starkes Brennen im Oberbauch, Übelkeit, manchmal sogar Erbrechen sowie ein Völlegefühl und ein sehr frühes Sättigungsgefühl den Reizmagen. Beide gehören zu den häufigsten Beschwerden im Magen- und Darmbereich. Sie treten oft gemeinsam auf und gelten als funktionelle gastrointestinale Störungen oder Erkrankungen. Besonders erschreckend sind die Zahlen dazu: In Deutschland leiden aktuell etwa 11 Millionen Menschen an einem Reizdarm und etwa 5 Millionen an einem Reizmagen. Ärzte gehen sogar davon aus, dass es bei vollständiger Diagnostik noch viel mehr Betroffene sein müssten. Frauen leiden häufiger darunter als Männer. International wird der Reizdarm mit dem Begriff IBS (*Irritable bowel syndrome*) beschrieben und betrifft weltweit etwa 10 Prozent der Menschen.

Die genaue Ursache dieses Problems ist nicht wissenschaftlich bewiesen, aber Mediziner gehen davon aus, dass vor allem Stress und psychische Faktoren wie Angst, zu große Arbeitsbelastung, finanzielle Sorgen bis hin zu Depressionen die häufigsten Gründe für diese Reizerscheinungen sind. Hinzu kommt meistens ein ungesundes Ernährungsverhalten mit viel fettreicher Nahrung, Alkohol oder überproportionalem Konsum von Koffein. Unverträglichkeiten auf Laktose oder Fructose verschärfen die Symptomatik häufig. Passend dazu wird bei den meisten Patienten ein verändertes Mikrobiom festgestellt, also ein Ungleichgewicht der Darmbakterien, sowie eine gestörte Kommunikation zwischen Gehirn und Darm, also eine gestörte Darm-Hirn-Achse.

Die Behandlung zielt auf eine Symptomlinderung und eine Verbesserung der Lebensqualität ab. Wissenschaftlich bewiesen sind beispielsweise gute Effekte durch Stressbewältigung mithilfe von Entspannungstechniken und Verhaltenstherapie, Ernährungsumstellung und regelmäßige, kleine Mahlzeiten sowie der Verzicht auf Trigger wie Alkohol und Koffein. Vielfach hilft auch Hypnose.

Neueste Forschungen ermöglichen in Zukunft voraussichtlich eine gezieltere Therapie des Reizdarmsyndroms. Eine Forschergruppe unter Leitung von Prof. Mauro D'Amato vom CIC bioGUNE in Derio (Spanien) konnte 2024 zeigen, dass bei vielen Patienten ein Defekt in den Genen für die Kohlenhydratverdauung vorliegt. In diesem Fall sind ernährungsbezogene Maßnahmen wirksamer als bei jener Gruppe, die ausschließlich stressbedingte Symptome aufweisen. Letztere müssten anders behandelt werden, wenn sich diese Ergebnisse in weiteren Forschungen bestätigen. Reizdarm ist also nicht gleich Reizdarm.

Steuerung der Darmentleerung

Im Darm arbeiten spezielle Dehnrezeptoren, die auf den Druck und die Füllung des Darminhalts reagieren. Zusätzlich spielen spezielle chemische Rezeptoren eine Rolle, die auch direkt den Inhalt des Darms, zum Beispiel die Konsistenz des Stuhls, analysieren. Die Signale werden dann über den Vagusnerv und das enterische Nervensystem weitergeleitet und im Gehirn verarbeitet. Das Füllungsempfinden entsteht durch ein Gefühl von Druck oder Volumen im Bauch. Wenn der Enddarm, das Rektum, gut gefüllt ist (etwa 200 bis 300 Milliliter), steigert sich das Bedürfnis nach Entleerung rapide. Das Gehirn kann dabei übrigens gut durch verschiedene Rezeptoren unterscheiden, ob Gase »abgelassen« werden müssen oder doch der Stuhlgang drückt. Die Wahrnehmung des Füllungsgrads wird durch das Zusammenspiel zwischen dem vegetativen und dem somatischen Nervensystem recht gut kontrolliert, und die bewusste Wahrnehmung erlaubt es, die Entleerung sogar etwas zu verzögern, bis ein geeigneter Moment gekommen ist.

Tabakkonsum greift ins Nervensystem ein

Die wenigsten Menschen wissen, dass Rauchen ihr Nervensystem massiv beeinflusst. Bereits eine Zigarette erhöht akut den Blutdruck, weil Nikotin das sympathische Nervensystem direkt stimuliert. Dies führt unmittelbar zur Freisetzung von Stresshormonen wie Adrenalin und Noradrenalin. Sie erhöhen die Herzfrequenz und verengen die Blutgefäße. Dadurch steigt der

Blutdruck, und zwar direkt nach dem Rauchen einer Zigarette um etwa 10 bis 20 mmHg. Diese Erhöhung kann mehrere Minuten bis Stunden anhalten. Wenn Sie regelmäßig und über den Tag verteilt rauchen, wird aus der akuten eine dauerhafte Erhöhung des Blutdrucks.

Doch damit nicht genug: Langfristig schädigt Rauchen die Blutgefäße, denn das Nikotin führt zu einer »endothelialen Dysfunktion«. Das Endothel, die innere Auskleidung der Blutgefäße, wird durch Rauchen nachhaltig gestört: Die Blutgefäße verlieren ihre Fähigkeit, sich zu erweitern (Vasodilatation), was auch zu einem erhöhten Blutdruck beiträgt. Dauerhaft führt dies zu einer arteriellen Steifigkeit der Gefäße bis hin zur Verhärtung und Verengung der Arterien. Dadurch wird Nikotin zum Risikofaktor für Schlaganfall und Herzinfarkt.

Dampfen nicht besser als rauchen!

E-Zigaretten werden als Hilfsmittel zur Raucherentwöhnung beworben und gelten gar als gesündere Alternative zur Zigarette. Ein Forscherteam um Prof. Gustaf Lyytinen vom Karolinska Institut aus Stockholm hat sich intensiv mit der Frage beschäftigt, wie sich die E-Zigarette mit und ohne Nikotin auf das Herz-Kreislauf-System auswirkt. Die Ergebnisse wurden auf dem Kongress der European Respiratory Society 2021 vorgestellt. Sie deuten eindeutig darauf hin, dass der Konsum von nikotinhaltigen E-Zigaretten ähnlich auf den Körper wirkt wie das Rauchen herkömmlicher Zigaretten.

Untersucht wurden Gelegenheitsraucher im Alter zwischen 18 und 45 Jahren, die keine weiteren gesundheitlichen Probleme aufwiesen. Die Probanden mussten jeweils 30 Züge aus einer E-Zigarette mit und ohne Nikotin zu sich nehmen, wobei zwischen den Versuchen mindestens eine Woche lag. Unmittelbar vor dem Dampfen sowie in weiteren exakt festgelegten Zeitabständen danach ermittelten die Forscher Blutdruck und Herzfrequenz, entnahmen Blutproben und bestimmten mithilfe von Laser-Technologie die Weite der Blutgefäße.

Bereits 15 Minuten nach dem Nikotindampfen bildeten sich bei den Versuchspersonen deutlich mehr Blutgerinnsel. Die Herzfrequenz erhöhte sich von durchschnittlich 66 Schlägen auf 73 Schläge pro Minute, und gleichzeitig stieg der Blutdruck im Mittel von 108 mmHg auf 117 mmHg. Die Blutgefäße verengten sich und waren selbst 30 Minuten nach dem Dampfen nicht optimal in der Lage, den Blutdruck zu regulieren, weil die Bewegungsfähigkeit der Blutgefäße eingeschränkt war. Diese Effekte verschwanden zwar zunehmend nach etwa 60 Minuten, jedoch gehen die Forscher davon aus, dass der Konsum nikotinhaltiger E-Zigaretten langfristig ebenso zu einer Anfälligkeit für Herz-Kreislauf-Erkrankungen führt wie der Konsum von Tabak in Zigaretten. Der negative Effekt fiel bei nikotinfreien E-Zigaretten deutlich abgeschwächt aus. Das deutet darauf hin, dass der Hauptverursacher für die Störung der Blutdruckregulation das enthaltene Nikotin ist. »Finger weg!« ist wohl die einzige sinnvolle Empfehlung.

SOMATISCHES PNS – BEWUSST UND SENSIBEL!

Das somatische periphere Nervensystem ist unser willkürliches Nervensystem. Es ist neben dem vegetativen peripheren System die zweite wichtige Komponente oder »Abteilung« des menschlichen Nervensystems. Der große Unterschied zum vegetativen Nervensystem besteht darin, dass das somatische Nervensystem für unsere bewusste Wahrnehmung der Umwelt und vor allem auch des eigenen Körpers über die Sinnesorgane und über die Muskeln zuständig ist. Daher ist gerade das somatische Nervensystem für unsere bewusste Auseinandersetzung mit uns selbst, für unsere Körperwahrnehmung im Sinne der Achtsamkeit und für die Prävention bedeutsam. Wenn wir also unseren Körper und seine Sprache besser verstehen und achtsam mit ihm umgehen wollen, dann geht der Weg hauptsächlich über das bewusste somatische Nervensystem. Dafür schauen wir uns jetzt kurz die Grundlagen des Systems und dessen Reaktions- und Kommunikationsfähigkeit an.

Erinnern Sie sich noch an Ihre letzte längere Autofahrt? Sie saßen lange hinterm Steuer und konzentrierten sich auf den Verkehr. Irgendwann kam aus dem Körper ein Signal, vielleicht ein kleines Zwicken, dass Sie Ihre Position ändern sollten. Ohne darüber nachzudenken, haben Sie sich plötzlich mehr auf die linke

Gesäßhälfte gesetzt oder auf die rechte Seite, haben vielleicht auch Ihre Schultern ein wenig bewegt und den Kopf nach oben gereckt. Welche Wohltat war es dann, an der nächsten Raststätte endlich aufzustehen und aus dem »Käfig Auto« auszubrechen!

Mit oft nur winzigen Zeichen, die wir nicht immer bewusst bemerken, sagt unser Organismus uns, dass wir eine Pause machen und uns bewegen sollten. Der Körper erzählt uns viel – und das ständig. Wir müssen nur richtig hinhören! Grundsätzlich spielen bei der Weiterleitung dieser Informationen Reize, Sensoren und Sinneskanäle eine besondere Rolle.

Egal, ob wir eine Polizeisirene oder Musik hören, ein Streicheln oder einen Schlag fühlen, egal, über welchen Sinn wir einen Reiz wahrnehmen – wir können jeden Reiz durch vier gemeinsame Merkmale beschreiben: Qualität, Intensität, Dauer und räumliche Dimension. Klar ist, dass eine Polizeisirene immer eine völlig andere Reaktion auslöst als Musik. Außerdem ist die Sirene für uns weitaus weniger bedeutsam, wenn wir das Signal nur in weiter Ferne hören statt ganz in der Nähe.

Reize, die unsere Sinne wahrnehmen, können nur speziell mit einem »adäquaten Reiz« für das Nervensystem beantwortet werden. Das Ohr reagiert auf Schall also immer mit einem akustischen Reiz, das Auge immer mit einem visuellen Reiz, und ein Temperatursensor antwortet bei Hitze immer mit einer erhöhten Schweißproduktion. Gleichgültig, ob die Haut großem Druck, Kälte oder Hitze ausgesetzt ist, sie reagiert immer mit Rötung und besserer Durchblutung. Durch dieses »Gesetz der spezifischen Sinnesenergien« benötigt unser Organismus die geringstmögliche Energie, um eine Antwort und Reaktion auf einen Reiz hervorzurufen.

Im Körper gibt es eine große Vielfalt an Sensoren, die sowohl in ihrer Gestalt (morphologisch) als auch in ihrer Funktion (funktionell) hochspezialisiert sind und damit nur auf eine bestimmte Reizart ausgerichtet sind, wie zum Beispiel Schall, Licht, Geschmack, Druck, Dehnung oder Spannung. Sie sind deswegen in der Lage, einen ganz bestimmten Reiz – und nur diesen! – äußerst effektiv und effizient in eine Antwort zu übersetzen. So können Mechanorezeptoren in der Haut zum Beispiel bei einem taktilen Reiz durch eine Berührung die Geschwindigkeit, die Intensität und auch die Dauer des Kontakts recht gut bestimmen. Jeder Sensor kann »seinen« empfangenen Reiz in ein elektrisches Potenzial umwandeln, in das sogenannte Rezeptorpotenzial. Dieser Vorgang heißt Transduktion. Das Rezeptorpotenzial (auch Sensorpotenzial genannt) hängt davon ab, wie intensiv die Reizstärke ist.

Damit sämtliche Informationen des Rezeptorpotenzials möglichst rasch weitergeleitet werden, wird dieses im Anfangsbereich der Axone zunächst in ein frequenzmoduliertes (FM-)Signal umkodiert. Das nennen wir Transformation. Anschließend werden die Signale an das ZNS weitergeleitet (= Konduktion). Jedes Axon übermittelt also Informationen zur Anzahl und Frequenz der Aktionspotenziale, die das Rezeptorpotenzial ausgelöst hat. Das Aktionspotenzial ist also die Grundlage der neuronalen Kommunikation, es ist quasi unsere »Nervensprache«. Die Intensität, Bedeutung und »Lautstärke« der Informationen ergibt sich aus der Anzahl und der Frequenz der Aktionspotenziale. Vereinfacht gesagt ist also die Sprache des Körpers, unsere innere Sprache, eine Modifikation elektrischer Impulse.

Verschiedenartige körperliche Sinnesreize wie zum Beispiel ein Hör-, ein Seh-, ein Wärmereiz oder ein taktiler Reiz legen sehr unterschiedliche Wege vom Rezeptor bis zum Gehirn zurück. Das liegt daran, dass viele Sinnessensoren eigene Axone besitzen, die wir primäre Sinneszellen nennen. Dazu passend gibt es spezifische Sinneskanäle. Wenn wir diese Sinneskanäle kennen, können wir sie elektrisch von außen stimulieren. Das passiert beispielsweise im Bereich der Therapie und Rehabilitation bei der muskulären Elektrostimulation EMS, die zum Training immobilisierter Muskeln eingesetzt wird, um die Muskelkraft und das Muskelvolumen zu fördern oder zu erhalten. Ähnlich funktioniert ein Cochlea-Implantat zur Therapie bei Schwerhörigkeit.

Nachdem eine sensorische Information das Rückenmark erreicht hat, steigt sie über den Hirnstamm und das retikuläre Aktivierungssystem nach oben zum Gehirn. Im Thalamus erreicht sie den Neokortex, wo sie verarbeitet wird und danach ins Bewusstsein gelangt. Erst dann können wir uns mit dieser Information bewusst auseinandersetzen, sie analysieren und anschließend vielleicht darauf antworten.

GEHIRN – Schaltzentrale für Kommunikation und Wahrnehmung

Unsere Wahrnehmung findet nahezu immer im zentralen Nervensystem unter Beteiligung des Gehirns statt. Vor allem, wenn wir etwas bewusst wahrnehmen, geschieht dies durch verschiedene spezialisierte, aber zusammenarbeitende Bereiche, um sensorische Informationen zu integrieren und zu interpretieren. Die Hauptzentren der Wahrnehmung im Gehirn sind:

- Der visuelle Kortex befindet sich im Hinterhauptlappen des Gehirns und verarbeitet visuelle Informationen. Der primäre visuelle Kortex (V1) empfängt direkt Signale von den Augen und ist für die grundlegende Verarbeitung von visuellen Reizen verantwortlich, wie Form, Farbe und Bewegung. Höhere visuelle Areale (V2, V3, V4, V5) sind an der Weiterverarbeitung und Interpretation beteiligt.

- Der auditorische Kortex liegt im Schläfenlappen des Gehirns und verarbeitet auditive Informationen. Der primäre auditorische Kortex (A1) empfängt Signale vom Innenohr und ist für die Verarbeitung von Tönen und deren Frequenzen verantwortlich. Höhere auditorische Areale verarbeiten komplexere auditive Reize wie Sprache und Musik.
- Der somatosensorische Kortex ist eine spezifische Region im Gehirn, die innerhalb des Neokortex im Parietallappen liegt, und zwar direkt hinter dem zentralen Sulcus (Zentralfurche), in einer Region, die als Gyrus postcentralis bezeichnet wird. Diese Region ist verantwortlich für die Verarbeitung sensorischer Informationen aus dem gesamten Körper, wie Berührung, Temperatur, Schmerz und propriozeptive Informationen (die Wahrnehmung der Lage und Bewegung des Körpers). Der somatosensorische Kortex wird in mehrere Bereiche unterteilt, darunter der primäre somatosensorische Kortex (S 1) und der sekundäre somatosensorische Kortex (S 2). S 1 ist der wichtigste Bereich für die initiale Verarbeitung sensorischer Signale. Dabei ist diese Region spezialisiert auf die Verarbeitung von körperlichen (somatischen) sensorischen Informationen. Der primäre somatosensorische Kortex (S 1) empfängt Signale von der Haut, den Muskeln und Gelenken und ist für die Wahrnehmung von Berührung, Druck, Temperatur und Schmerz verantwortlich. Höhere somatosensorische Areale kombinieren und verarbeiten diese Informationen und tragen somit auch zur Körperwahrnehmung bei.
- Der olfaktorische Kortex befindet sich nahe dem vorderen Gehirn im Temporallappen und verarbeitet Geruchsinformationen. Der primäre olfaktorische Kortex empfängt

Signale von den Riechsensoren in der Nase und ist für die Wahrnehmung und Differenzierung von Gerüchen verantwortlich.

- Der gustatorische Kortex befindet sich innerhalb des Gehirns im Insellappen (Insula) sowie teilweise im Frontallappen und verarbeitet Geschmacksinformationen. Der primäre gustatorische Kortex empfängt Signale von den Geschmacksknospen der Zunge und ist für die Wahrnehmung von verschiedenen Geschmacksrichtungen verantwortlich.
- Der vestibuläre Kortex liegt verstreut in verschiedenen Bereichen des Gehirns, einschließlich der Insel und auch des Parietallappens, und verarbeitet Informationen über Gleichgewicht sowie räumliche Orientierung. Der vestibuläre Kortex erhält Signale vom vestibulären System im Innenohr (Gleichgewichtsorgan) und hilft bei der Koordination von Bewegung und Gleichgewicht.
- Der Assoziationskortex liegt über verschiedene Bereiche des Gehirns verteilt und insbesondere im Parietallappen, Temporallappen und Frontallappen. Er verbindet und integriert sensorische Informationen aus verschiedenen Sinneswahrnehmungen (Hören, Sehen) und Quellen (Ohren, Augen). Der Assoziationskortex ist daher entscheidend für höhere kognitive Funktionen wie Wahrnehmung, Gedächtnis, Aufmerksamkeit und Entscheidungsfindung.

Alle diese spezialisierten Hirnregionen arbeiten sehr eng zusammen, um eine ganzheitliche und umfassende Wahrnehmung unserer Umwelt zu ermöglichen. Störungen oder Schäden in diesen Bereichen können zu spezifischen Wahrnehmungsdefiziten führen wie Blindheit, Taubheit, Sensibilitäts- oder Gleichgewichtsstörungen.

Je größer das Gehirn, umso höher der IQ?
Nein! Die Größe des Gehirns hat rein gar nichts mit unserer Intelligenz zu tun. So wog das Gehirn des großen Genies Albert Einstein gerade einmal 1,35 Kilogramm. Die meisten Männer kommen aber beim Hirngewicht im Durchschnitt auf circa 1,5 Kilogramm. Bei Frauen liegt das Gewicht des Gehirns bei etwa 1,25 Kilogramm. Die Größe wird schlicht und einfach vererbt.

Homunkulus – Landkarten des Körpers im Gehirn

»Homunkulus« nannten die mittelalterlichen Alchemisten ein künstlich erschaffenes, menschenähnliches Wesen. Die moderne Neurowissenschaft und Physiologie haben den Begriff übernommen, jedoch mit völlig anderer Bedeutung. Gemeint ist eine schematische Abbildung des Körpers im menschlichen Gehirn, genauer gesagt in der Hirnrinde, die bestimmte Körperteile oder -abschnitte repräsentiert. Wie auf einer Landkarte werden die Körperteile abgebildet, und zwar entsprechend ihrer Bedeutung: Die Finger oder die Lippen mit ihren unzähligen Nervenzellen nehmen also mehr Platz ein als Ellbogen oder Waden. Das Modell hilft, die komplexen Beziehungen zwischen Gehirn und Körper zu verstehen und zu erforschen.

Wissenschaft und Forschung nutzen vor allem zwei Hauptarten von Homunkuli im Gehirn: den motorischen und den somatosensorischen Homunkulus. Der motorische Homunkulus befindet sich im primären motorischen Kortex (Gyrus precentralis), der im Frontallappen des Gehirns liegt. Dort sind die

Körperteile so dargestellt, dass die Bereiche, die für die Bewegungssteuerung zuständig sind und die Signale zur Steuerung der Muskeln erzeugen, entsprechend ihrer motorischen Bedeutung abgebildet werden. Deswegen sind Bereiche, die komplexe Bewegungen ausführen müssen, wie die Finger oder der Mund, im motorischen Kortex überproportional groß repräsentiert.

Der somatosensorische Homunkulus liegt dagegen im primären somatosensorischen Kortex (Gyrus postcentralis), der sich im Parietallappen befindet, direkt hinter dem motorischen Kortex. Er bildet die sensorische Wahrnehmung der verschiedenen Körperteile ab. Hier werden die sensorischen Informationen verarbeitet, die von verschiedenen Körperteilen kommen. Bereiche, die besonders empfindlich sind, wie die Lippen oder die Fingerspitzen, nehmen in diesem Modell einen größeren Raum ein.

Da das Gehirn plastisch ist, sich also durch Lernen und Erfahrung verändert, kann sich auch der Homunkulus durch Nutzung und Training (oder auch bei Schmerzen) verändern und anpassen. Wenn Sie beispielsweise intensiv motorische Fähigkeiten trainieren, wie einen Tennisschlag oder das Spielen eines Instruments, kann sich der Bereich des zugehörigen Körperteils im motorischen Kortex vergrößern. So haben weltbekannte Pianisten eine deutlich größere Repräsentanz der einzelnen Finger als durchschnittliche Musiker. Umgekehrt können bei fehlender Nutzung von Körperteilen die entsprechenden Bereiche im Kortex schrumpfen.

Das ist deswegen bedeutsam, weil wir durch diese Plastizität die Wahrnehmung bestimmter Körperregionen oder Körperabschnitte durchaus verändern können, und zwar sowohl fördern als auch hemmen können. So ist die dauerhafte Beschäftigung mit Rückenschmerzen auch deswegen ein Problem, weil der entsprechende Bereich im Gehirn immer größer wird und sich dadurch die Sensibilität dafür manifestiert. Umgekehrt aber kann man dies auch nutzen und bisher unterrepräsentierte Körperabschnitte viel bewusster in das Zentrum der Wahrnehmung zurückholen. Der Homunkulus ist also nicht statisch, sondern kann sich durch Erfahrungen und Lernen verändern, aber auch durch Nichtnutzung (wie körperliche Inaktivität und Bewegungsarmut).

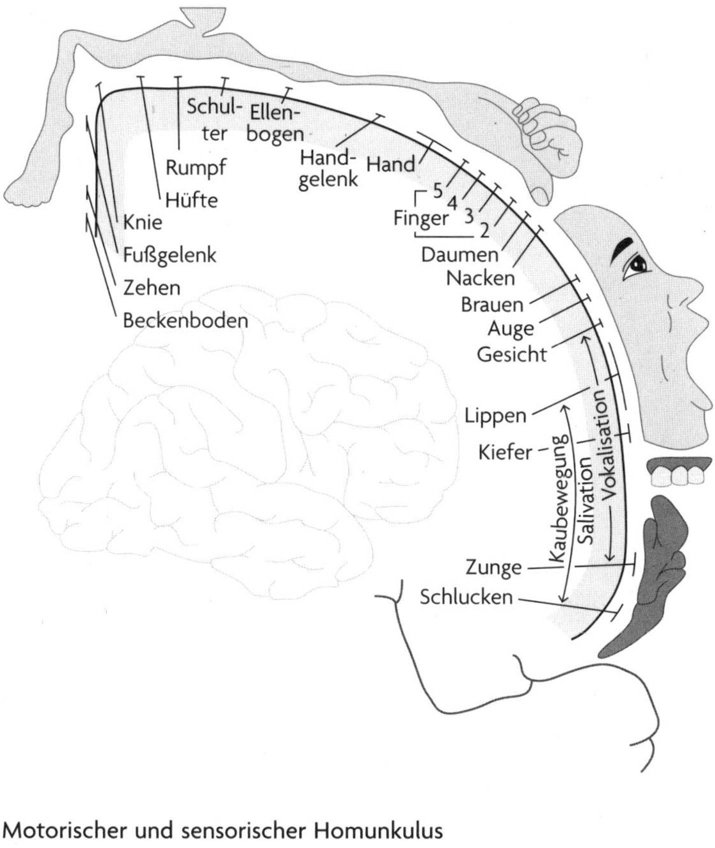

Motorischer und sensorischer Homunkulus

Neuroplastizität: wie das Gehirn lernt

Wie dynamisch und anpassungsfähig unser Gehirn ist, sehen Sie nicht nur daran, wie viel ein Kind allein in den ersten zehn Lebensjahren lernt, sondern auch an den paralympischen Sportlern, die ihre Behinderung großartig kompensieren.

Setzen Sie sich einmal eine Stunde auf einen Spielplatz und beobachten Sie Kleinkinder beim Laufenlernen oder auf einem Klettergerüst. Dann können Sie eine grundlegende Voraussetzung für das Lernen sehen, die wir unser Leben lang brauchen, die uns aber mit zunehmendem Alter abhandenzukommen scheint: Geduld! Schauen Sie sich an, mit welcher Ausdauer ein Krabbelkind immer wieder aufsteht, weil es laufen will wie die Großen. Zahllose Wiederholungen sind nötig – und das ist beim Lernen immer so. Es geht selten so schnell, wie wir es uns wünschen. Ob Sie eine Sprache lernen, eine neue Sportart oder eine alte Gewohnheit durch eine neue ersetzen wollen: Sie brauchen immer viele, viele Wiederholungen und Geduld, um diese durchzuführen. Erwachsene geben sehr oft schon nach wenigen Versuchen auf und sagen: »Das schaff ich nicht, ich bin zu alt dafür.« Wenn Sie sich aber so viele Wiederholungen »gönnen« wie ein Kind beim Laufenlernen, werden Sie es schaffen!

Dies setzt allerdings voraus, dass wir Informationen über diese Tätigkeiten und Handlungen speichern, damit wir sie jederzeit wieder abrufen können. Diese Speicher sind unser Gedächtnis, und das ist ziemlich komplex und mehrstufig organisiert. Erst wenn wir die neuen Informationen in unser Langzeitgedächtnis molekular übertragen haben, können wir von einem nachhaltigen Lernprozess sprechen.

Reflexe und Instinkthandlungen sind Tätigkeiten oder Aktivitäten, die in zahlreichen neuronalen Strukturen fest verschaltet sind. Dies führt dazu, dass eingehende Reize immer zu einer gleichförmigen Erregungsausbreitung und Reizantwort führen. Solche Reflexe laufen unabhängig von unseren Erfahrungen ab und dienen somit primär der Reaktion in standardisierten Situationen, insbesondere bei akuten Gefahrenmomenten. Das hat mit Lernen noch nichts zu tun.

Der wesentliche Anteil unserer Handlungen und Gedanken ist im Gegensatz zu diesen starren Reflexen jedoch direkt beeinflussbar, formbar und von unseren Erfahrungen abhängig. Diese werden im Gehirn in Neuronenverbänden gespeichert, die Informationen aufnehmen und dadurch neue Signalübertragungswege entwickeln können. So können wir uns an unterschiedliche Situationen anpassen und erfolgreiches Verhalten bewusst wiederholen, um zu lernen. Wenn Sie kleine Kinder beobachten, die ihre Umwelt erforschen und lernen, ihr Verhalten den Anforderungen anzupassen und daraus Nutzen zu ziehen, wird dies besonders deutlich.

Vom sensorischen Gedächtnis ins Langzeitgedächtnis

Stellen Sie sich vor, Sie laufen barfuß am Strand gegen den Wind. Ihre Rezeptoren nehmen dabei unzählige Informationen über sehr unterschiedliche Aspekte der Bewegung auf, darunter die muskuläre Anspannung der Muskelgruppen, die Gelenkbewegungen, die Abfolge und Rhythmik Ihrer Schritte, die Unebenheit des Bodens, dic feinen Sandkörner, die spitzen Muscheln, den Widerstand des Winds.

Während einer Bewegung tritt also eine Vielzahl von Informationen auf, die im ZNS in flüchtigen, bioelektrischen Informationen, sogenannten Engrammen, kurzfristig gespeichert werden. Sie alle landen im sensorischen Speicher. Sicher können

Sie sich vorstellen, dass diese Informationsflut aus den verschiedenen Sinneskanälen extrem groß ist. Deswegen werden diese flüchtigen Informationen nur etwa 0,5 bis 1 Sekunde im sensorischen Gedächtnis gespeichert. Nach spätestens einer Sekunde verblassen diese Informationen und gehen verloren. Das können Sie selbst ausprobieren: Führen Sie eine Bewegung bewusst aus und spüren Sie dann, wie lange Sie noch Informationen über diese Bewegung aus dem Körper erhalten.

Bei einer einmaligen Bewegung wird das schwierig, und deswegen heißt es, die Bewegung immer und immer wieder auszuführen, weil dies die Grundvoraussetzung für das Erleben und Verstehen der Bewegung ist. Das können Sie bei rhythmischen und immer wiederkehrenden Bewegungen wie beim Laufen nutzen: Beim nächsten Laufschritt treten Sie anders auf, um (sofern sinnvoll) eine erste Bewegungsveränderung herbeizuführen. Haben Sie die neue Bewegung einmal verstanden, gelingt es, selbst aus dieser kurzen Empfindung Informationen herauszulesen und mit Erfahrungen zu vergleichen. Physiologen nennen dies »Mustererkennung«.

Bereits hier beginnt also der Vergleich mit bekannten und gespeicherten Informationen. Bisher unbekannte Informationen führen zu einer verstärkten Hirnaktivität. Auf dieser Ebene des sensorischen Gedächtnisses werden die Informationen erstmals kodiert und teilweise auch in Worte gefasst. Wir verbalisieren das, was wir spüren, und beschreiben es mit Worten. Das unterstützt den Lernvorgang, denn alles, was wir mit Begriffen benennen können, bleibt uns länger erhalten und ist abrufbar.

Die wichtigen Daten werden dann aus dem sensorischen Gedächtnis zum Kurzzeitgedächtnis weitergeleitet. Dabei wird das Datenvolumen gefiltert, ausgedünnt und so deutlich reduziert, dass es in der Regel nur noch 16 Bit/Sekunde beträgt.

Das Kurzzeitgedächtnis nennen wir auch »primäres« Gedächtnis, denn seine Speicherdauer ist im Vergleich zum sensorischen Gedächtnis deutlich länger. Sie kann Sekunden oder sogar Minuten erreichen, wenn wir beispielsweise bewusst realisierte Daten in Gedanken wiederholen. Dadurch können wir das Kurzzeitgedächtnis viel besser für die bewusste Bearbeitung von Inhalten nutzen als das sensorische Gedächtnis.

Bleiben wir beim Beispiel der Veränderung des Laufstils, können wir uns das etwa so vorstellen, dass wir uns nach dem Laufen Videoaufnahmen davon anschauen und gedankliche Verbindungen herstellen. Auch das Reden über die ausgeführte Tätigkeit und die dabei wahrgenommenen Empfindungen helfen durch die Verbalisierung, die Daten deutlich länger im Gedächtnis zu behalten.

Wollen wir also Informationen über uns selbst und aus dem Körper heraus möglichst lange erhalten, dann sollten wir am besten darüber reden. Insgesamt ergibt sich aus dem Signalzufluss und der normalen Speicherdauer von etwa einer Sekunde eine Speicherkapazität von etwa 100 Bit im Kurzzeitgedächtnis.

Da wir aber gerade beim Bewegungslernen über die Sensomotorik viele Informationen aus verschiedenen Sinneskanälen parallel erhalten, verarbeiten und kurzfristig speichern müssen, kann es zwangsläufig nicht nur einen Kurzzeitspeicher geben. Daher wurde in der Physiologie der Begriff des Arbeitsspeichers etabliert, in dem zum Beispiel propriozeptive und akustische Informationen parallel gespeichert werden können, die für die Planung und Ausführung von Handlungen benötigt werden. Der Arbeitsspeicher ist quasi ein Notizblock für die nächste Bewegung oder Aufgabe. Wissenschaftler vermuten sogar, dass das Arbeitsgedächtnis wahrscheinlich das einzige Gedächtnissystem ist, in dem eine bewusste Verarbeitung möglich ist. Damit hat gerade dieses Gedächtnis eine herausragende Bedeutung beim Vorgang des Lernens. Das gilt ganz besonders für das Erlernen von Bewegungen und damit auch für die Schulung der Körperwahrnehmung.

Der Speicherinhalt des Arbeitsgedächtnisses wird schnell vergessen, wenn neue Informationen einfließen und dann die alten überschreiben. Daher ist es wichtig, dass wir die Informationen aus dem Kurzzeitgedächtnis in unser Langzeitgedächtnis übertragen. Dafür sollten wir eine Tätigkeit oder Übung häufig wiederholen, damit die Informationen länger im Arbeitsspeicher zirkulieren. Das fördert die Übernahme in das Langzeitgedächtnis, die etwa mit einer Geschwindigkeit von maximal 1 Bit/Sekunde erfolgt. Dort können große Datenmengen über Jahrzehnte gespeichert werden: Die Kapazität des Langzeitgedächtnisses ist aufgrund der riesigen Anzahl von Zellen und von synaptischen Kontakten praktisch unerschöpflich. Geschätzt wird die Kapazität auf 10^{10} bis 10^{14}.

Daten aus dem Langzeitgedächtnis können durch eine Hemmung wie Angst, Stress oder aber anschließend neu aufgenommene Informationen verdrängt und so vergessen werden. Wir vergessen besonders jene Gedächtnisinhalte, die sich für uns als bedeutungsarm erwiesen haben, die vor ganz langer Zeit zum letzten Mal abgerufen worden sind oder bei denen die Motivationslage zum Zeitpunkt der Speicherung gering war. Motivation erhöht also in jedem Fall die Qualität und Nachhaltigkeit der Speicherung.

Unser Gedächtnis ist übrigens vor allem eine Leistung unserer Hirnrinde. Der sensorische Speicher und auch ein Teil des Langzeitgedächtnisses finden sich wahrscheinlich im Bereich der primären sensorischen Projektionsfelder. Die weiteren Anteile des Langzeitgedächtnisses liegen in den Assoziationsfeldern des Neokortex. Darüber hinaus sind einige Inhalte, besonders Bewegungserfahrungen aus dem Kleinkindalter, in den Basalganglien abgespeichert.

Kindheit – Grundlage für das Bewegungslernen

Alles, was wir bereits in unserer Kindheit, vor allem vom sechsten bis zum zwölften Lebensjahr, an Bewegungserfahrungen machen und in unserem Langzeitgedächtnis ablegen und speichern, bleibt uns ein Leben lang erhalten. Es ist die wichtigste Phase des motorischen Lernens, und dort wird in der Regel die Grundlage für unsere Bewegungsressourcen und auch für unsere Körperwahrnehmung gelegt. Später gelingt es uns natürlich auch im Erwachsenenalter, neue Bewegungsformen zu erlernen, wie einen Tennis- oder einen Golfschlag. Aber es wird schwieriger werden, denn die höchste Sensibilität für das motorische Lernen liegt nun mal im Kindesalter.

Besorgniserregend ist in diesem Zusammenhang der enorme Bewegungsmangel in unserer Gesellschaft, der längst auch den Nachwuchs erreicht hat. Prof. Jan Wilke von der Universität Bayreuth forderte deswegen 2024 in einem groß angelegten Papier dringend eine deutliche Stärkung des Sportunterrichts in den Schulen, damit die Grundvoraussetzungen für das Bewegungslernen und die Körperwahrnehmung geschaffen werden. In der Studie der Forscher aus Bayreuth mit mehr als 3500 Kindern stellte sich heraus, dass die Kinder in allen sensomotorischen Bereichen wie Ausdauer, Kraft, Beweglichkeit, Schnelligkeit und Koordination deutliche Defizite aufwiesen, die nur durch eine deutliche Erhöhung der Bewegungsangebote und -zeiten in der Schule und der Freizeit kompensiert werden können.

THALAMUS & CO. –
Tor zu unserem Bewusstsein

Der Thalamus wird oft als das »Tor zum Bewusstsein« bezeichnet. Tatsächlich gibt es aber keine einzelne Struktur im Gehirn, die allein für unser Bewusstsein verantwortlich ist. Stattdessen ist das Bewusstsein immer das Ergebnis eines komplexen Zusammenspiels verschiedener Hirnregionen. Dennoch gelten einige Strukturen als besonders relevant für unser Bewusstsein. Dazu zählen der Thalamus, der Kortex sowie das retikuläre Aktivierungssystem:

- Das retikuläre Aktivierungssystem (RAS) liegt im Hirnstamm und ist für das Wachheitsniveau und die Aufmerksamkeit verantwortlich. Es regelt, welche Informationen aus der Umwelt und aus unserem Organismus unser Bewusstsein erreichen und wie wach oder aufmerksam wir sind. Es sorgt dafür, dass wir zwischen Wachsein, Schlaf und verschiedenen Bewusstseinszuständen wechseln können. Durch das RAS erkennt beispielsweise eine Mutter nachts den Schrei ihres Babys als wichtigen Reiz zum Aufwachen.
- Der Thalamus agiert vorrangig als eine Art Relaisstation für sensorische Informationen wie Sehen, Hören, Fühlen, die aus dem Körper zum Gehirn kommen, und leitet diese an den Kortex weiter. Ohne den Thalamus könnten wir Sinneswahrnehmungen nicht bewusst erfahren.
- Der Kortex wird auch Großhirnrinde genannt. Dort werden die sensorischen Informationen verarbeitet und ins

Bewusstsein gebracht. Speziell der präfrontale Kortex spielt eine wichtige Rolle für höhere kognitive Funktionen – und auch für unser Selbstbewusstsein. Er ist entscheidend für unsere Fähigkeit zur Selbstreflexion, zur Planung und für die Entscheidungsfindung. Im Kortex sind jeweils spezielle Bereiche für verschiedene Arten der Wahrnehmung und des Denkens verantwortlich.

Wenn ich beispielsweise zu Hause am Schreibtisch sitze und im Hintergrund Musik läuft, dann gelangt diese während meiner Arbeit meist nicht in mein Bewusstsein, sondern bleibt einfach unbemerkt im Hintergrund. Das kann sich allerdings ändern, wenn ich eine Melodie erkenne, dann einmal bewusst hinhöre und vielleicht auch mitsinge. Der Reiz meines Lieblingslieds ist dann so stark, dass alle »Auswahlinstanzen«, also RAS und Thalamus, ihn bis in den Kortex durchgelassen haben. Der integriert dann dazu die Informationen aus verschiedenen Sinneskanälen und ermöglicht mir nun, nicht nur aktiv zuzuhören, sondern auch mitzusingen.

Neokortex – Zentrum der Kommunikation

Der Neokortex ist ein wesentlicher Bestandteil des Großhirns und wahrscheinlich der am weitesten entwickelte Teil des menschlichen Gehirns. Er ist verantwortlich für viele der komplexen kognitiven Fähigkeiten, die uns Menschen auszeichnen und charakterisieren. Der Neokortex bildet die äußere Schicht des Großhirns und ist nur bei Säugetieren so stark ausgebildet. Beim Menschen nimmt er deswegen sogar den größten Teil der Großhirnrinde ein. Dabei ist er grob in zwei sogenannte Hemisphären unterteilt, die linke und die rechte Gehirnhälfte, die durch das Corpus callosum (den Balken) verbunden sind. Jede Hemisphäre ist in vier Lappen unterteilt: Frontallappen (Stirnlappen), Parietallappen (Scheitellappen), Temporallappen (Schläfenlappen) und Okzipitallappen (Hinterhauptlappen).

Der Neokortex ist für die höheren Funktionen des Gehirns verantwortlich, die als typisch menschlich gelten:

- sensorische Wahrnehmung: Der Neokortex verarbeitet sensorische Informationen (Afferenzen) wie Sehen, Hören, Fühlen und Riechen. Verschiedene Areale sind für die Verarbeitung unterschiedlicher Sinneseindrücke zuständig. (So ist der Okzipitallappen für das Sehen verantwortlich).
- motorische Kontrolle: Im Motorkortex des Frontallappens werden Bewegungen geplant und gesteuert. Dieser Bereich sendet Signale (Efferenzen) an die Muskeln, um bewusste Bewegungen auszuführen.
- Sprache: Im Neokortex liegen die sogenannte Broca-Region, die zuständig für unsere Sprachproduktion ist, sowie die Wernicke-Region, die für das Sprachverständnis verantwortlich ist. Diese beiden großen Areale ermöglichen uns, Sprache zu verstehen, zu produzieren und zu verarbeiten.
- kognitive Funktionen: Der präfrontale Kortex als Teil des Neokortex ist entscheidend für komplexe kognitive Prozesse wie Problemlösung, Planung, Urteilsvermögen und Selbstreflexion. Er ist auch an Gedächtnisfunktionen beteiligt, insbesondere bei der Speicherung und dem Abruf von Erinnerungen und Erfahrungen.
- Bewusstsein und Selbstbewusstsein: Der Neokortex spielt eine zentrale Rolle im Bewusstsein und bei der Fähigkeit zur Selbstreflexion.

Der Neokortex ist also das Zentrum für die Fähigkeiten, die uns Menschen zu einem bewussten, denkenden und handelnden Wesen machen. Seine Komplexität und Größe hängen direkt zusammen mit den hochentwickelten geistigen Fähigkeiten des Menschen – und dadurch unterscheiden wir uns von vielen anderen Lebewesen. Doch ohne Informationen von innen oder außen kommen wir auch mit dem Neokortex nicht in unseren Denkprozessen weiter. Deswegen schauen wir uns an, woher diese Informationen überhaupt im Einzelnen stammen.

Benutzen wir nur einen kleinen Teil unseres Gehirns?
Tatsächlich brauchen wir nicht alle Teile unseres Gehirns gleichzeitig. Wir nutzen zwar alle Anteile unseres Gehirns, allerdings immer zu unterschiedlichen Zeiten und passend zu unseren Anforderungen. Würden wir unsere gesamte Hirnmasse nicht wirklich benötigen, hätte die Evolution schon lange dafür gesorgt, dass unser Gehirn kleiner wird. Sie können also auf nichts verzichten, all Ihre rund 100 bis 150 Milliarden Neuronen im Gehirn sind bedeutsam!

WAHRNEHMUNG – einmal anders betrachtet

Lassen Sie uns von ganz vorn beginnen. Wahrnehmung ist der Prozess, durch den wir Informationen aus unserer Umwelt und unserem eigenen Körper aufnehmen, interpretieren und bewusst erleben. Sie umfasst mehrere Sinne und kognitive Prozesse, die zusammenarbeiten, um ein kohärentes, also stimmiges, Bild von unserer Umgebung und von uns selbst zu erstellen. Die Hauptaspekte der Wahrnehmung sind:

- Sinneswahrnehmung: Dies ist der erste Schritt in der Wahrnehmung, bei dem sensorische Informationen durch unsere Sinnesorgane (Augen, Ohren, Gleichgewichtssinn, Propriozeption, Schmerzsinn etc.) aufgenommen werden.
- Aufmerksamkeit: Dieser Prozess der bewussten Lenkung und Ausrichtung bestimmt, welche sensorischen Informationen besonders beachtet und weiterverarbeitet werden. Aufmerksamkeit hilft dabei, wichtige Informationen von irrelevanten zu unterscheiden.
- Interpretation und Kognition: Das Gehirn interpretiert die aufgenommenen sensorischen Daten und verknüpft sie mit vorhandenem Wissen, Erinnerungen und Erfahrungen. Dies ermöglicht uns, Bedeutung und Kontext besser und schneller zu erkennen.
- Reaktion: Die Wahrnehmung führt oft zu Reaktionen oder Handlungen, die auf den interpretierten Informationen basieren. Dies kann eine körperliche Bewegung, eine sprachliche Äußerung oder eine emotionale Reaktion sein.
- Speicherung: Die eigene Reaktion oder Handlung wird interpretiert und die Erfahrung bei der jeweiligen Handlung abgespeichert, sodass wir beim nächsten Mal bereits auf entsprechende Ressourcen zurückgreifen können.

Die Wahrnehmung ist ein dynamischer und kontinuierlicher Prozess, der von vielen Faktoren beeinflusst wird, darunter Aufmerksamkeit, Vorerfahrungen, Erwartungen, emotionaler sowie körperlicher Zustand und Umgebung. Fehler in der Wahrnehmung wie optische Täuschungen oder Halluzinationen zeigen, dass die Wahrnehmung keine direkte Wiedergabe der Realität ist, sondern ein konstruktiver Prozess, bei dem das Gehirn aktiv Informationen interpretiert und organisiert. Das Gehirn entscheidet stets *völlig eigenständig,* welche Informationen wichtig genug sind, um sie überhaupt in unser Bewusstsein hineinzulassen.

Ein internationales Forscherteam unter Führung von Dr. Theofanis Panagiotaropoulos vom Max-Planck-Institut für biologische Kybernetik in Tübingen hat 2023 eine interessante Studie dazu veröffentlicht, welche Gehirnaktivitäten mit Änderungen in der subjektiven Wahrnehmung einhergehen. Sehen und wahrnehmen sind nämlich zwei grundsätzlich verschiedene Dinge: Ein großer Teil der Informationen, die permanent in unser Gehirn strömen, wird gar nicht bewusst verarbeitet, denn viele Mechanismen filtern die eingehenden Informationen und gestalten so unser ganz persönliches Bild der Welt. Deshalb ergeben Zeugenbefragungen nach einem Unfall oft auch sehr unterschiedliche Aussagen.

Ein gutes Beispiel dafür ist auch das Phänomen der »binokularen Rivalität«. Mithilfe einer Spiegelkonstruktion zeigen die Forscher dem rechten Auge zum Beispiel eine Erdbeere und gleichzeitig dem linken Auge eine rote Rose. Doch wir können niemals beide Objekte gleichzeitig wahrnehmen. Wir sehen manchmal bewusst die Rose oder dann nur die Erdbeere. Dieser Wechsel erfolgt spontan ohnc Einflüsse äußerer Reize von einem zum anderen Objekt. Anhand der Hirnwellen, die im präfrontalen Kortex gemessen werden, lässt sich dieser Bewusstseinswechsel recht gut beschreiben und auch vorhersagen. Es scheint sogar typische Muster zu geben.

Bisher gingen Forscher davon aus, dass Neuronen miteinander im Wettstreit liegen und um Aufmerksamkeit konkurrieren. Panagiotaropoulos konnte nun gemeinsam mit dem Team nachweisen, dass gerade die größeren Hirnregionen als Türöffner agieren und somit Dinge ins Bewusstsein lassen oder eben nicht. Mal schaut das Gehirn auf die Rose und mal auf die Erdbeere – spontan und kaum von uns bewusst zu beeinflussen. Das zeigt, wie selektiv und wenig vergleichbar die Wahrnehmung bei uns allen ist. Warum, das gilt es noch zu klären. Vielleicht hilft das Forschungsgebiet Psychophysik, Licht ins Dunkel zu bringen.

Subjektive Sinnesphysiologie – die Psychophysik

Bisher habe ich mit Ihnen viele anatomische und physiologische Grundlagen angeschaut, die laut Naturwissenschaft die logischen Rahmenbedingungen der Wahrnehmung und der Interaktion mit der Umwelt bilden. Wir wissen jedoch auf der anderen Seite auch, dass die physikalischen und chemischen Eigenschaften eines Reizes immer gleichzeitig durch die subjektiven Empfindungen jedes Einzelnen beeinflusst werden. Es gibt also eine subjektive Sinnesphysiologie, die Psychophysik, die wir ebenso berücksichtigen müssen, denn sie spielt eine bedeutsame Rolle bei der Wahrnehmung unseres Körpers und unserer Gesundheit.

Die Schmerzempfindung ist dafür ein wunderbares Beispiel. Bei gleicher Problematik empfindet jeder von uns den Schmerz mal mehr oder weniger intensiv. Außerdem wissen wir auch, dass jeder Mensch völlig anders mit dem Schmerz umgeht. Das scheint zunächst unverständlich, ist aber unter

Einbeziehung der subjektiven Sinnesphysiologie durchaus angemessen.

Die Psychophysik ist ein Teilgebiet der Psychologie, das sich mit der quantitativen Beziehung zwischen physikalischen Reizen und den subjektiven Empfindungen beschäftigt, die diese Reize auslösen. Das Ziel ist zu messen, wie intensiv ein Reiz empfunden wird, und so psychische Phänomene messbar und objektiv erfassbar zu machen.

Laut dem aktuellen Lehrbuch *Physiologie* von Prof. Erwin-Josef Speckmann, einem der weltweit führenden Hirnforscher aus Münster, beträgt die Schwelle für die Wahrnehmung von Druckunterschieden auf Gewebe etwa drei Prozent. Es sind also mindestens drei Prozent mehr oder weniger Druck nötig, damit wir eine Abweichung spüren. Im visuellen Bereich sind im Labor sogar Unterschiede von nur etwa einem Prozent als Wahrnehmungsschwelle ermittelt worden.

Diese Schwellen sind aber lern- oder veränderbar: Das zeigen sehgeschädigte Menschen, die in der Blindenschrift einen Abstand von weniger als zwei Prozent zwischen zwei Braille-Punkten wahrnehmen können.

Die Psychophysik wird heute in verschiedenen Bereichen angewendet:

- Die Wahrnehmungsforschung untersucht Schwellenwerte wie den kleinsten wahrnehmbaren Reiz oder den kleinsten wahrnehmbaren Unterschied zwischen zwei Reizen.
- Die klinische Diagnostik nutzt computergestützte Verfahren zur sensorischen Funktionsprüfung (Seh-, Hör- oder Riechtests) sowie zur Erfassung neurologischer Störungen.
- In der Arbeitsplatzgestaltung werden Arbeitsumgebungen durch die Analyse sensorischer Bedingungen optimiert, etwa für altersgerechte Maschinenbedienung.

- Psychoakustik und Lärmschutz entwickeln Lärmschutzmaßnahmen durch psychoakustische Messungen.
- Die Neurowissenschaften untersuchen neuronale Abläufe mithilfe psychophysischer Methoden, um beispielsweise Wahrnehmungen wie Kontrasttäuschungen oder Scheinbewegungen zu analysieren.
- Virtuelle Realität simuliert virtuelle Wahrnehmungswelten für Forschung und Entwicklung.

Die Psychophysik bietet somit wertvolle Einblicke in die Funktionsweise des menschlichen Wahrnehmungssystems und hat zahlreiche interdisziplinäre Anwendungen.

Beim Thema Wahrnehmung und insbesondere auch Achtsamkeit sollten wir daher immer auch den Aspekt der subjektiven Psychologie im Blick haben. Selbst wenn Reize zunächst objektiv neutral erscheinen, schwingt immer auch ein großes Maß an Subjektivität mit.

SOMATOSENSORIK – unser System für die Körperwahrnehmung

Hören, sehen, riechen, schmecken und tasten – das sind die fünf großen Sinne des Körpers, die jeder kennt. Doch dieses alte Konzept reicht längst nicht mehr aus, um die komplexe Sensorik unseres Organismus vollständig zu beschreiben. Wie viele Sinne es wirklich gibt, darüber ist man sich in der Wissenschaft aktuell nicht einig, aber es scheinen eine ganze Menge zu sein. Da gibt es zum Beispiel die Oberflächensensibilität (Exterozeption), zu der auch unser Tastsinn, der Temperatursinn (Thermorezeption), der Jucksinn (Prurirezeption) und auch der Schmerzsinn (Nozizeption) als Teilbereiche gehören, die Tiefensensibilität (Propriozeption) mit dem Gleichgewichtssinn (vestibulärer Sinn) und den Bewegungsempfindungen (Kinästhetik). Sie alle sollten wir kennen, wenn wir den Organismus besser verstehen wollen.

Im Gegensatz zu den fünf großen bekannten sensorischen Systemen, die jeweils über ihre eigenen Sinnesorgane verfügen – Auge, Ohren, Nase, Zunge, Haut –, umfasst die Somatosensibilität, auch somato-viszerale Sensibilität genannt, ein weitverzweigtes und eng zusammenhängendes Netzwerk komplexer Untersysteme, deren Sensoren in der Haut, den Bindegeweben, den Bewegungssystemen und auch in den Eingeweiden liegen. Letztlich besteht dieses Netzwerk aus der Oberflächensensibilität mit Messfühlern in der Haut, der Tiefensensibilität (Propriozeption) mit Sensoren in Muskeln, Sehnen, Faszien und Gelenken sowie der viszeralen Sensibilität der Organe (Enterozeption). Auch der Schmerz wird zur Somatosensorik gezählt.

Grundsätzlich ermöglicht uns die somatosensorische Wahrnehmung, Dinge zu ertasten, Kälte, Wärme oder Schmerz zu empfinden und zu wissen, welche Aktionen verschiedene Körperteile gerade ausführen. Diese Sensorik reagiert auf sehr unterschiedliche Reize und Informationen: auf den Druck auf unserer Haut, auf die Stellung von Gelenken und die Spannung von Muskeln, auf die Dehnung der Harnblase, auf die Temperatur der Gliedmaßen oder auch des Gehirns ... Werden diese Reize so intensiv, dass von ihnen eine Gefahr oder sogar eine Körperschädigung ausgehen könnte, bewirkt die somatosensorische Wahrnehmung außerdem eine äußerst unangenehme, aber absolut lebenswichtige Empfindung – den Schmerz.

Damit unterscheidet sich das somatosensorische System – unsere Körperwahrnehmung – von allen anderen Sinnessystemen in zwei ganz entscheidenden und interessanten Punkten: Erstens sind die Sensoren dieses Systems über den ganzen Körper verteilt und nicht nur auf kleine spezialisierte Regionen konzentriert. Und zum anderen kann die Somatosensorik auf viele sehr unterschiedliche Reize reagieren. Gerade diese eher unbekannteren Sinne schicken uns zahlreiche Signale, die auf »Missstände« im Organismus hinweisen. Wenn wir sie bereits früh wahrnehmen und auf ihr Flüstern entsprechend reagieren, können wir uns viele Befindlichkeitsstörungen bis hin zu gesundheitlichen Problemen ersparen. Das schauen wir uns im Folgenden detaillierter an.

Exterozeption – mehr als der Tastsinn

Unsere Haut mit dem Tastsinn, der zu den fünf klassischen Sinnen gezählt wird, kann weit mehr als nur tasten. Sie ist eines unserer größten Organe und ein Kommunikationssystem, das Reize von außen empfängt und nach innen weiterleitet und umgekehrt. Ich betrachte bewusst unsere Haut an dieser Stelle als eigenständiges Organ – genau wie Herz, Leber oder Niere –, denn sie besteht aus ganz unterschiedlichen Geweben, die spezifische Funktionen erfüllen und für das Überleben und die Gesundheit unseres Körpers essenziell sind. Organe sind allgemein definiert als Gruppen von Geweben, die zusammenarbeiten, um eine bestimmte Funktion zu verrichten, und die Haut erfüllt diese Definition in vollem Umfang.

Die Haut besteht aus mehreren Schichten – der Epidermis (Oberhaut), der Dermis (Lederhaut) und der Subkutis (Unterhaut). Jede dieser Schichten hat spezifische Zelltypen und Funktionen. Unsere Haut ist mit unzähligen Nervenenden ausgestattet, die Berührung, Schmerz, Temperatur und Druck wahrnehmen. Der Tastsinn ist nur ein Teil dieser Oberflächensensibilität der Haut.

Gerade die Haut ist außerdem auch ein Spiegel unserer Gefühle und unserer Gesundheit und dadurch eine bedeutsame Stimme unseres Körpers, die uns viel erzählt und zeigt. Emotionen wie Stress, Angst oder Freude können sich auf der Haut zeigen. Rötungen, Blässe oder Stressakne sind Beispiele dafür. Denken Sie nur an das Erröten in peinlichen Situationen oder das Blasswerden vor Angst. Oder den Pickel, der ausgerechnet vor dem Termin für die Bewerbungsfotos erscheint oder gar vor dem ersten Date. Dunkle Augenringe erzählen von einer schlechten Nacht und graue, faltige Haut von übermäßigem Tabakkonsum.

Prof. Uwe Gieler, Dermatologe und Leiter der psychosomatischen Universitätsklinik in Gießen, sieht die Haut als wichtige emotionale Stütze für uns Menschen, die uns Geborgenheit und Wohlempfinden gibt. Seiner Meinung nach sollte die Haut auch als Spiegel unserer Gesundheit betrachtet werden, weil sie viele Informationen über den allgemeinen Zustand unseres Körpers und unserer Psyche liefert. Die Haut spricht aus, wie es um uns steht, und zeigt uns meist sehr schnell unser Fehlverhalten. So können Veränderungen in der Farbe, Textur oder Beschaffenheit wichtige Hinweise auf Unverträglichkeiten oder innere Erkrankungen geben. Beispielsweise können gelbliche Hautverfärbungen auf Leberprobleme hinweisen (Gelbsucht), während blasse Haut auf eine Anämie deuten kann. Die Haut zeigt oft als Erste allergische Reaktionen oder Empfindlichkeiten gegenüber bestimmten Substanzen durch Rötungen, Juckreiz oder Ausschläge. Sie spiegelt zudem unseren Lebensstil wider. Rauchen, übermäßiger Alkoholkonsum, ungesunde Ernährung und Schlafmangel können die Haut frühzeitig altern lassen, sie blass oder fahl erscheinen lassen und zu Hautproblemen führen (siehe Seite 137).

Berührungen: von der Oberfläche bis in die Seele

Bei Neugeborenen ist der Tastsinn der erste Sinn, der sich entwickelt, und er ist für die kleinen Welteroberer der erste und wichtigste Zugang zur neuen Welt. Obwohl wir nicht nur dadurch schon lange wissen, wie groß die Bedeutung von Berührungen für uns Menschen ist, haben wir den Tastsinn bis heute noch nicht richtig wissenschaftlich verstanden. Es ist klar, dass körperliche Berührungen grundsätzlich für unsere Gesundheit vorteilhaft sind. Dennoch ist hinsichtlich der Art der Berührung bisher kaum etwas bekannt.

Der Neurowissenschaftler und Psychologe Dr. Julian Packheiser von der Ruhr-Universität Bochum forscht seit vielen Jahren auf diesem Gebiet und analysiert insbesondere, wie Umarmungen wirken. Er führte mit seiner Gruppe eine Studie mit 12 966 Personen durch, die 2024 in der Zeitschrift *Nature Human Behavior* publiziert wurde. Dabei kam heraus, dass körperliche Berührungen sowohl von Menschen als auch von Tieren Schmerzen, Depressionen und Ängste in allen Altersgruppen lindern können. Es zeigte sich, dass kürzere Berührungen, aber dafür häufigere Kontakte, besonders förderlich sind. Auch eine kurze Umarmung zeigt eine sehr positive Wirkung. Das Erstaunliche ist, dass auch Berührungen von Objekten, wie etwa Robotern, Stofftieren oder selbst einem Umarmungskissen, schon Vorteile für die psychische Gesundheit bringen können. Bei Kleinkindern und Säuglingen scheint es besonders von Vorteil, wenn Eltern sie berühren, denn deren Berührung wirkt besser als die von Pflegepersonen. Bei Erwachsenen dagegen ließen sich diese Unterschiede nicht mehr nachweisen. Die positiven Ergebnisse verbesserten sich, wenn insbesondere der Kopf berührt wurde.

Berührungen bringen auch Erfolg im Sport. Wir kennen aus Teamsportarten wie Basketball oder Volleyball die aufmunternden und freundschaftlichen Berührungen des Abklatschens oder Schulterklopfens. Was das bringt, wollte das Team um die Psychologin Dr. Christiane Büttner von der Universität Basel genauer wissen. Sie stellten sich die Frage, ob Basketballspielerinnen bei Freiwürfen – das sind die stressigsten Situationen im Basketball, weil alle Augen auf die Werferin gerichtet sind – den Korb häufiger treffen, wenn ihre Teamkolleginnen sie vorher berührt hatten.

Dazu wurden 60 Spiele des College-Basketball (National Collegiate Athletic Association's Women's Basketball, NCAAW) in den USA und die Erfolgsquote der Spielerinnen bei den Freiwürfen analysiert. Es zeigte sich, dass die Erfolgsquote für einen getroffenen Freiwurf deutlich anstieg, wenn die Spielerin zuvor von ihren Mitspielerinnen berührt wurde. Allerdings war dieser Effekt vor allem nach einem vorher missglückten ersten Wurf nachweisbar. Büttner folgert daraus, dass die Unterstützung und die körperliche Berührung von Kolleginnen ganz besonders dann hilfreich sind, wenn das Stressniveau bereits hoch ist.

Ob dies auch für Männer gilt, bleibt offen. Auch ist immer noch unklar, welche Form und Intensität der Berührung die größten Effekte erzielt. Beide Studien zeigen aber beispielhaft, dass Berührung sowohl für die Gesundheit als auch für die

Leistungsfähigkeit eine Rolle spielen kann. Genau deswegen sollten wir dem Tastsinn vielleicht zukünftig mehr Aufmerksamkeit auch in der Forschung widmen.

Informanten der Haut – Sensoren des Tastsinns

Unsere Haut ist ein so hochsensibles Organ, weil sie Millionen von Sensoren enthält, die unterschiedliche Reize wahrnehmen können, von feinen Berührungen über Temperaturänderungen bis hin zu grobem Druck oder einem Schlag. Diese Messfühler sind unterschiedlich dicht über die Haut verteilt, je nach der Funktion und Sensibilität der jeweiligen Hautregion. Dadurch können wir eine breite Palette von sensorischen Eindrücken verarbeiten und auf unsere Umwelt reagieren. Die Sensoren sind spezialisierte Nervenzellen oder Endungen von Nervenzellen, die verschiedene Arten von physikalischen Reizen in Nervenimpulse umwandeln und an das Gehirn weiterleiten. Diese Sensoren finden sich zum Großteil aber auch in anderen Geweben des Körpers, weshalb sie uns auf den nächsten Seiten immer wieder begegnen werden.

Mechanosensoren dienen der Wahrnehmung von Berührung, Druck und Vibration auf der Haut. Es gibt vier grundsätzlich verschiedene Typen davon in der Haut, und zwar die Merkel-Zellen, die Meissner-Körperchen, die Ruffini-Körperchen und die Vater-Pacini-Körperchen.

- Die Merkel-Zellen sind verantwortlich für die Wahrnehmung von feinem, kontinuierlichem Druck und von Texturen. Dafür befinden sie sich primär in der Basalschicht der Epidermis und besonders zahlreich in den Fingerspitzen. Mit ihrer Hilfe lassen sich zum Beispiel winzige Unebenheiten auf Oberflächen ertasten: Sie spielen beim Lesen der Brailleschrift eine führende Rolle und ersetzen bei sehgeschädigten Menschen mit ihrer hohen Qualität den Sehsinn beim Lesen.

- Die Meissner-Körperchen befinden sich in der oberen Dermis der Haut und auch hier vor allem an den Fingern und den Lippen. Sie reagieren auf ganz leichte Berührungen und schnelle Änderungen des Drucks, wie zum Beispiel bei Vibrationen.
- Die Ruffini-Körperchen befinden sich tiefer in der Dermis und sind für die Wahrnehmung von Dehnung und anhaltendem Druck verantwortlich. Sie ermöglichen deswegen besonders die Wahrnehmung von Hautveränderungen und Handbewegungen. Sie helfen Ihnen zum Beispiel zu erkennen, wie gerade das Handgelenk gebeugt oder gestreckt ist und welche Position der Arm gerade eingenommen hat.
- Die Vater-Pacini-Körperchen liegen ebenfalls recht tief in der Dermis und in der Subkutis und reagieren auf schnelle Vibrationen und tiefe Druckreize. Wenn Sie etwa zu Hause Ihre Lieblingsmusik im Radio hören und dabei dann Ihre Hand flach auf den Lautsprecher legen, können Sie diese Musik mithilfe der Vater-Pacini-Körperchen erspüren.

Es gibt übrigens einen Unterschied zwischen behaarter und unbehaarter Haut. Die hochsensible unbehaarte Haut an den Fingerkuppen beispielsweise charakterisiert eine große Anzahl an Merkel-Zellen, die es in der behaarten Haut so nicht zu finden gibt. Dafür finden sich in der behaarten Haut noch Haarfollikelrezeptoren, die auch für das Aufstellen der Haare bei der Gänsehaut verantwortlich sind.

Gänsehaut – immer noch eine Unbekannte

Was haben eine Spinne und eine wunderbare Musik gemeinsam? Sie lösen bei manchen Menschen eine Gänsehaut aus. Wenn wir Angst oder Stress haben, uns etwas unheimlich ist oder wir etwas sehr schön finden, kurzum, wenn uns etwas emotional extrem berührt, bekommen wir Gänsehaut. Und natürlich auch, wenn uns kalt ist. Die Gänsehaut, auch als Piloerektion bezeichnet, ist ein Reflex, der ursprünglich der Wärmeregulation des Körpers diente, denn unsere spärliche Körperbehaarung ist ein Relikt unseres urzeitlichen Fells. Heute liefert uns die Gänsehaut jedoch keinen Schutz oder Vorteil. Die Reaktion gibt es jedoch immer noch, aber keiner weiß wirklich, warum. Dabei werden die Haarfollikel der obersten Hautschicht nach außen gezogen, und die Haare stellen sich auf. Am deutlichsten nehmen wir die Gänsehaut an den Unterarmen wahr. Jedoch ist sie grundsätzlich am ganzen Körper, also auch im Bereich von Beinen, Hals, Brust, Nacken und Gesäß zu finden.

Thermosensoren nehmen Temperatur und Temperaturunterschiede wahr. Kältesensoren, auch Krause-Endkolben genannt, reagieren auf Temperaturabsenkungen und vermitteln das Gefühl von Kälte. Die Kältesensoren registrieren übrigens Temperaturen im Bereich von 0 bis 26 Grad Celsius. Deshalb ist es für uns schwer, Minusgrade zu differenzieren. Die Wärmesensoren, auch Ruffini-Endungen genannt, reagieren auf Temperaturerhöhungen und vermitteln das Gefühl von Wärme – ihr Messbereich liegt bei 27 bis 42 Grad Celsius. Und es gibt sogar noch »Hitzesensoren«, die aber erst ab einer Temperatur von über

42 Grad Celsius anspringen. Die Thermosensoren des Körpers arbeiten allerdings nicht wie ein Thermometer, das die Temperatur kontinuierlich misst und anzeigt, sondern immer nur punktuell. Übrigens wird eine Temperatur von über 42 Grad Celsius als schmerzhaft heiß, Temperaturen unter 15 Grad Celsius als schädlich kalt wahrgenommen. Gerade zwischen Männern und Frauen gibt es diesbezüglich jedoch größere Unterschiede.

Nozisensoren (Nozizeptoren) sind quasi unser Versicherungssystem, weil sie auf überproportional hohe, intensive und vor allem gefährliche, schädliche Reize reagieren. Sie werden in der Literatur auch als »freie Nervenendigungen« beschrieben, denn sie besitzen das Potenzial, zu wandern und sich an wichtigen Stellen vermehrt niederzulassen. Diese Sensoren sind in der Epidermis und Dermis weit verbreitet. Sie können sowohl auf mechanische (etwa Schnitte oder Druck), thermische (wie extreme Hitze) als auch chemische Reize (wie Säuren) reagieren. Somit sind sie praktisch der Vermittler zur Schmerzempfindung in der Peripherie (siehe unten).

Chemosensoren nehmen chemische Reize wahr wie bestimmte Stoffe in der Luft oder auf der Haut. Das kann zu Empfindungen wie Juckreiz führen.

Die genaue Anzahl der Sensoren in der Haut ist schwer zu bestimmen, denn sie hängt stark von der Körperregion ab. In hochsensiblen Bereichen wie den Fingerspitzen und Lippen gibt es Tausende Mechanosensoren pro Quadratzentimeter, während unempfindlichere Bereiche wie der Rücken oder auch der Unterschenkel deutlich weniger Messfühler haben. Thermorezeptoren sind weniger dicht verteilt als Mechanosensoren, aber ebenfalls über die gesamte Haut. Die Nozisensoren sind weit verbreitet und in jeder Hautregion vorhanden, um den Körper vor potenziell schädlichen Reizen zu schützen.

Der Zirkel-Test

Eine ganz einfache Untersuchung, die Sie auch zu Hause durchführen können, zeigt, wie unterschiedlich sensibel die Hautregionen sind. Damit bestimmen Sie das räumliche Auflösungsvermögen der jeweiligen Hautregion, das zum Beispiel wichtig ist, um mit den Händen auch räumliche Dimensionen von Gegenständen erfassen zu können. Für den Test setzen Sie gleichzeitig beide Spitzen eines Zirkels auf die Haut, verringern nach und nach den Abstand und prüfen, wann die Empfindung der beiden punktförmigen Reize zu der eines Reizes »verschmilzt«. Man nennt diesen Test auch Zweipunktschwelle oder simultane Raumschwelle.

An den Fingerspitzen, den Lippen und der Zungenspitze beträgt diese Schwelle nur etwa einen Millimeter, und Sie können zwischen diesen beiden Punkten gut differenzieren. In der Handfläche sieht es schon ganz anders aus, und wir haben eine Schwelle von etwa drei bis fünf Millimetern. Wenn Sie es am Rücken probieren, werden Sie erkennen, wie wenig differenziert die Haut räumliche Abstände dort erkennen kann. Hier brauchen Sie schon einen Abstand von mehreren Zentimetern, um die zwei Punkte unterscheiden zu können.

Dieses unterschiedliche räumliche Auflösungsvermögen verschiedener Hautregionen spiegelt eindrucksvoll die Dichte der Sensoren der Haut wider und zeigt die besondere Stärke der Finger zum Ertasten von Gegenständen. Es zeigt außerdem, dass wir mit unseren Lippen ebenfalls Gegenstände recht gut und differenziert erfassen können – nicht umsonst nutzen Kinder das in den ersten 18 Monaten intensiv.

Hände und Füße – die wichtigsten Tastorgane

Sowohl die Hände als auch die Füße besitzen eine Vielzahl an sensorischen Rezeptoren, die eine wichtige Rolle in der taktilen Wahrnehmung einerseits und der Bewegungskontrolle andererseits spielen. Mithilfe der Hände erfahren wir viel über Objekte sowie deren Gestalt und mithilfe der Füße insbesondere über den Untergrund, auf dem wir uns bewegen. Es wird geschätzt, dass jede Hand etwa 17 000 mechanosensorische Einheiten aufweist, die alle oben genannten Rezeptortypen einschließen. Die genaue Anzahl der Rezeptoren in den Füßen ist schwieriger zu bestimmen. Aber sie sind ebenfalls sehr dicht besetzt, besonders in den Fußsohlen, um eine präzise Wahrnehmung für das Gleichgewicht und die Bewegung zu ermöglichen.

Für ihre großartige Feinmotorik und taktile Empfindlichkeit arbeiten in den Händen besonders viele Sensoren zusammen. Beim Betasten von Objekten oder Gegenständen mit der Hand ist eine »Verrechnung« der Informationen vieler Sensoren mit der motorischen Innervation der Handmuskulatur erforderlich. Das wichtigste Organ ist dabei die Haut an der Innenseite der Hand, das beste Auflösungsvermögen findet sich allerdings in den Fingerspitzen. Merkel-Zellen, verantwortlich für die Wahrnehmung von Druck und Textur eines Gegenstands, finden sich deswegen in dichter Konzentration in den Fingerspitzen. Auch die Meissner-Körperchen sind dort zahlreich. Sie reagieren ebenso wie die Vater-Pacini-Körperchen empfindlich auf leichte Berührungen und Vibrationen. Die Ruffini-Endungen erfassen an der Hand speziell die Hautdehnung und helfen deswegen bei der Wahrnehmung von Fingerbewegungen und deren Position.

Füße haben ebenfalls viele Sensoren, die vor allem für unser Gleichgewicht und unsere Bewegungswahrnehmung in Bezug zur Umwelt entscheidend sind. Die Merkel-Zellen befinden sich in großer Zahl in den Fußsohlen und helfen bei der Wahrnehmung von Druck. Die Meissner-Körperchen in den Sohlen ermöglichen uns, leichte Berührungen zu spüren. Die Vater-Pacini-Körperchen liegen verteilt in der Haut der Füße und reagieren auf Vibrationen und tiefen Druck, während die Ruffini-Endungen bei der Empfindung von Hautdehnung und Fußbewegungen unterstützen.

Auf der anderen Seite können etwa nach einer Amputation die Füße auch viele Funktionen der Hände übernehmen. Bei den Paralympics wird uns immer wieder eindrucksvoll vor Augen geführt, wie Sportler und Sportlerinnen nach dem Verlust von Händen und Armen mit ihren Füßen wahre Wunder vollbringen.

Polyneuropathie – wenn die Stimmen von Hand und Fuß schwächer werden

Eingeschlafene Hände oder Füße kennen Sie. Das Gefühl in den Fingern und der Hand oder im Fuß ist verschwunden, stattdessen kribbelt es unangenehm. Dann haben Sie die Versorgung von Nerven und Muskeln kurzfristig durch eine ungünstige Lage, beispielsweise beim Schlafen im Bett, verschlechtert. Das ist sehr unangenehm, aber schnell wieder vergessen. Radfahrer kennen gerade im Genitalbereich Taubheitsgefühle, die meist ziemlich schnell wieder verschwinden. Auch hier ist die Ursache ein zu intensiver, längerer Druck auf Blutgefäße und Nerven.

Bei Sensibilitätsstörungen oder gar bei einer Polyneuropathie geht das Phänomen leider nicht wieder weg. Das Taubheitsgefühl bleibt! Polyneuropathien betreffen etwa zwei bis acht Prozent der Bevölkerung, wobei die Häufigkeit mit dem Alter deutlich zunimmt. Je nach zugrunde liegender Ursache treten Gefühlsstörungen und Taubheitsgefühle unterschiedlich häufig auf. Bei Frauen ist vielfach Multiple Sklerose dafür verantwortlich, während es bei den Männern öfter Diabetes oder andere Grunderkrankungen sind.

Während wir bei Zahnschmerzen sofort reagieren und meist schnelle Hilfe beim Arzt suchen, verhalten wir uns im Fall von Nervenschmerzen meist völlig anders. Schließlich äußern sich diese nur selten abrupt durch starke Missempfindungen. Die schleichende Zunahme der Beschwerden führt sogar dazu, dass Betroffene oft erst nach vielen Jahren ärztlichen Rat suchen. Manchmal werden sogar Symptome, die sich letztlich als Polyneuropathie herausstellen, nur nebenbei im Gespräch mit einem Arzt erwähnt, der dann meist kein Neurologe ist. So kann wertvolle Zeit verstreichen, bis die klare Diagnose gestellt ist und die Behandlung beginnen kann.

Ihren Ursprung haben die Gefühlsstörungen vor allem in den langen Nerven, die in den Händen und den Füßen münden. Zunächst verspürt man ein Kribbeln, das sich bei fortschreitender Erkrankung immer weiter verstärkt und an den Gliedmaßen nach oben wandert. Irgendwann kann es sogar die Körpermitte erreichen. Die Polyneuropathie gehört zwar zu den häufigsten neurologischen Erkrankungen, aber die Medizin tappt hier immer noch im Dunkeln, denn es gibt bis zu 600 mögliche Auslöser.

Leider bleibt trotz aller diagnostischen Fortschritte die Ursache bei 20 bis 30 Prozent der Betroffenen unklar, sodass in der Regel nur die Symptome behandelt werden können. Laut Studienlage tritt die Erkrankung am häufigsten im Zusammenhang mit Diabetes oder einem langjährigen Alkoholmissbrauch auf. Auch Medikamente, Infektionen, Vitaminmangel, insbesondere von Vitamin B, und Autoimmunkrankheiten oder genetische Faktoren können die Hüllen und auch das Innere der Nerven nachhaltig beschädigen.

»Hektische« Flecken und feuchte Hände – Zeichen von Stress

Sie sind aufgeregt, nervös oder stehen vor einer großen Aufgabe, und plötzlich tauchen im Dekolleté, am Halsbereich oder auch an den Wangen tiefrote Flecken auf und signalisieren dem Gegenüber klar, dass Sie nervös, unruhig und angespannt sind. Leider können Sie daran nichts ändern, es sei denn, Sie bekommen die Nervosität in den Griff. Der Zustand der Nervosität ist mit der Aktivierung des sympathischen Nervensystems verknüpft, das Teil des autonomen Nervensystems ist. Physiologisch gesehen ist Nervosität also eine Stressreaktion, die durch eine Aktivierung der sogenannten Kampf-oder-Flucht-Reaktion ausgelöst wird.

Die Haut ist mit dem Nervensystem verbunden, und durch die Aktivierung des sympathischen Nervensystems in Stresssituationen können auch Hautreaktionen ausgelöst werden. Die roten Flecken oder Hautrötungen treten häufig bei Nervosität, Lampenfieber oder Stress auf, weil sich die Blutgefäße weiten und sich dadurch die Durchblutung verstärkt. Das führt zu der sichtbaren Rötung.

Die Nervosität kann auch eine leichte Ausschüttung von Histamin verursachen, das zu einer noch stärkeren Erweiterung der Blutgefäße führt. Dies kann das Auftreten der Flecken verstärken.

Nicht jeder Mensch reagiert mit diesen Hauterscheinungen auf Nervosität. Die Reaktion hängt auch von genetischen Faktoren, der allgemeinen Hautbeschaffenheit und der Sensibilität des vegetativen Nervensystems ab. Menschen mit einer empfindlichen Haut oder Neigung zu Hautreaktionen (wie Rosazea) entwickeln eher diese roten Flecken.

Der positive Effekt von Lampenfieber

Viele Prominente berichten, dass sie eine Grundnervosität brauchen, um überhaupt frisch und vital zu wirken und optimal Leistung abrufen zu können. Auch Sportler, die keine Vorstartspannung haben, wissen, dass sie dann an diesem Tag vermutlich keine sehr gute Leistung bringen können. Trotz der unangenehmen Empfindungen hat Lampenfieber also auch positive Effekte:

- Lampenfieber erhöht die Aufmerksamkeit und schärft den Fokus. Dies führt dazu, dass Menschen in der Lage sind, sich besser auf ihre Aufgabe zu konzentrieren und potenzielle Ablenkungen auszublenden.
- Durch die Ausschüttung von Adrenalin wird die Leistungsfähigkeit kurzfristig gesteigert. Es sorgt dafür, dass man schneller reagiert, sich lebendiger fühlt und in bestimmten Situationen sogar kreativer und motivierter wird. Diese gesteigerte Energie kann helfen, die eigene Bestleistung zu erbringen.
- Viele Menschen erleben Lampenfieber als eine Art »Weckruf«, sind motivierter und bereiten sich intensiver vor, um ihren Herausforderungen gerecht zu werden.

Wer lernt, mit Lampenfieber umzugehen, entwickelt oft bessere Fähigkeiten zur Stressbewältigung. Dies stärkt das Selbstvertrauen, weil man sich mit der Zeit sicherer im Umgang mit stressigen Situationen fühlt.

Auch feuchte, schwitzige, klamme Hände sind eine Reaktion auf Stress. Sie entstehen durch eine erhöhte Aktivität der Schweißdrüsen in der Haut der Hände. Die ekkrinen Schweißdrüsen, die vor allem an den Handflächen, Fußsohlen und der Stirn vorkommen, sind für das Schwitzen an den Händen verantwortlich. Diese Drüsen produzieren einen klaren, wässrigen Schweiß, der bei Verdunstung die Haut kühlt. Gerade akute Emotionen wie Nervosität, Angst oder Aufregung aktivieren das sympathische Nervensystem, und das erhöht die Schweißproduktion in den Handflächen.

Altersflecken – Zeichen einer gestörten Entgiftung

Kleine und größere braune Flecken auf den Handrücken oder manchmal auch im Gesicht und Dekolleté sind gutartige, harmlose Verfärbungen des Hautpigments. Sie treten in der Regel ab einem Alter von 40 Jahren auf und gehäuft dann ab 60. Dann sind sie bei 90 Prozent aller Frauen und Männer, insbesondere auf dem Handrücken, zu sehen. Mediziner nennen dieses Problem »Lentigines seniles« oder »Lentigines solares«.

Diese Flecken sind ein Zeichen dafür, dass zum einen die Haut im Lauf des Lebens zu viel Sonne abbekommen hat und zum anderen sich innerhalb des Stoffwechsels Alterungsprozesse eingestellt haben: Entweder wirkt zu viel und dauerhafter zellulärer Stress auf die Zellen ein, oder ihre Entgiftung und damit die Reinigung, also der Abtransport von Abfallprodukten, funktioniert nicht mehr optimal. Oft auch beides zusammen.

Das gelbbraune Alterspigment Lipofuszin besteht aus Protein- und Fettclustern und entsteht meist durch oxidativen Stress bei schlechter und nicht ausgewogener Ernährung, bei psychischem Stress sowie körperlicher Inaktivität. Zu viel Sonnenbestrahlung im Lauf des Lebens und Rauchen verschärfen das Ganze zusätzlich, sodass letztlich zu viel Lipofuszin produziert und zu wenig effektiv abgebaut und entsorgt wird. Das Lipofuszin verstopft dann sozusagen das Tunnelsystem, das Interstitium, das der Zufuhr und Entsorgung von Stoffen innerhalb des Stoffwechsels dient, und wird als Altersflecken sichtbar.

Vergessen Sie also Cremes oder ähnliche Produkte, denn gegen Altersflecken hilft letztlich nur eine Optimierung der Stoffwechselsituation von innen. Fördern Sie besser Ihre Entgiftung durch viel Bewegung, zuckerarme Ernährung und besonders durch viel Flüssigkeit.

Dunkle Augenringe – Hinweise auf eine Erkrankung?

Durch eine deutlich sichtbare Verfärbung der Haut unter den Augen entstehen dunkle Augenringe, die unterschiedliche Ursachen haben können. Diese Bereiche wirken dunkler, weil die Haut hier besonders dünn und empfindlich ist und die darunter liegenden Blutgefäße und Flüssigkeitsansammlungen dadurch sichtbarer sind als an anderen Körperstellen. Mit zunehmendem Alter wird die Haut dort noch dünner, und die darunter liegenden Blutgefäße schimmern deshalb stärker hindurch. Ist dann darüber hinaus die Durchblutung nicht optimal, kann sich das Blut in den feinen Kapillaren unter den Augen ansammeln. Dies führt zu einer bläulichen oder violetten Verfärbung, weil das venöse Blut einen dunkleren Farbton hat.

Dies ist gerade bei Schlafmangel ein häufiges Phänomen. Reicht nachts die Zeit zur Regeneration nicht aus, wird die Mikrozirkulation der Haut deutlich eingeschränkt. Die Haut sieht dann blass oder fahl aus. Allergien oder ein hoher Salzkonsum können zu Flüssigkeitsansammlungen unter den Augen führen, was Schwellungen und verstärkte Schattenbildung verursacht.

Nicht selten sind dunkle Augenringe genetisch bedingt. In diesen Fällen sind sie oft stärker ausgeprägt und treten schon in jungen Jahren auf. Dann verursacht unter anderem eine übermäßige Melaninproduktion (Hyperpigmentierung) dunkle Augenringe. Dies tritt bei Menschen mit dunklerem Hauttyp häufiger auf, weil sich in ihrer Haut mehr Melanin befindet.

Sie sollten jedoch etwas näher hinschauen, wenn parallel Störungen des Wohlbefindens oder sogar Krankheiten auftauchen. Dann können dunkle Augenringe ein erster Hinweis darauf sein. So kann beispielsweise eine Anämie (Blutarmut) durch Eisenmangel verursacht sein, was zu blasser Haut und verstärkten Augenringen führt. Vor allem bei chronischen Nierenerkrankungen finden sich Flüssigkeitsansammlungen nicht selten auch unter den Augen. Eine Schilddrüsenerkrankung, insbesondere eine Unterfunktion der Schilddrüse, kann ebenfalls dunkle Augenringe verursachen. Außerdem können sie bei Heuschnupfen, Hausstaubmilbenallergie oder einer chronischen Nebenhöhlenentzündung auftreten. Ein Arztbesuch ist dann anzuraten, wenn Augenringe plötzlich und ohne ersichtlichen Grund auftreten und weitere Symptome wie Müdigkeit, Schwindel oder auch Schwellung hinzukommen.

Die häufigsten Ursachen jedoch sind chronischer Stress und starke Übermüdung, die die Hautqualität gerade unter den Augen stark belasten. Deswegen sollte zunächst der eigene Lebensstil hinterfragt werden. Augenringen können Sie mit ausreichendem Schlaf, Nikotin- und Alkoholverzicht sowie viel Bewegung an der frischen Luft begegnen. Durch eine regelmäßige Flüssigkeitszufuhr in Form von Wasser können Sie die Haut elastischer halten. Eine ausgewogene Ernährung und manchmal auch die bewusste Zufuhr von eisenreichen Nahrungsmitteln wie Hülsenfrüchten können die Qualität des Bluts optimieren. Kühlpads, gekühlte Teebeutel (besonders von grünem oder schwarzem Tee) oder kalte Löffel helfen, die Schwellung zu reduzieren.

Augencremes mit feuchtigkeitsspendenden Inhaltsstoffen wie Hyaluronsäure, Peptiden oder auch Vitamin C können die Haut pflegen und auch aufhellen. Vitamin C kann darüber hinaus die Pigmentierung aufhellen und die Kollagenproduktion fördern.

Hilfeschreie der Haut – Veränderungen durch Nikotin und Alkohol

Sie rauchen? Sie trinken gern und oft Wein, Bier oder Hochprozentiges? Dann haben Sie vielleicht schon unbewusst oder sogar bewusst Veränderungen an Ihrer Haut bemerkt, die Sie aber bis jetzt noch nicht mit diesen Gewohnheiten in Verbindung gebracht haben. Nikotin und Alkohol haben beide erhebliche Auswirkungen auf die Haut, weil sie die physiologischen Prozesse und die Struktur der Haut stark negativ beeinflussen. Diese Veränderungen können die Haut ganz schnell altern lassen und zu den verschiedensten Hautproblemen führen.

Folgendermaßen wirkt Nikotin auf die Haut:

- verringerte Durchblutung: Nikotin verengt die Blutgefäße (Vasokonstriktion), sodass die Haut schlechter durchblutet wird. Dadurch wird sie schlecht mit Sauerstoff und Nährstoffen versorgt, und das lässt sie fahl und blass erscheinen.
- Schädigung des Kollagens und Elastins: Nikotin beschleunigt den Abbau von Kollagen und Elastin, den beiden Proteinen, die der Haut Festigkeit und Elastizität verleihen.

Dadurch entstehen schneller Falten, und die Haut verliert ihre Spannkraft.

- verminderte Wundheilung: Die schlechtere Durchblutung und das geschädigte Kollagen verzögern die Wundheilung bei Rauchern und machen die Haut anfälliger für Narbenbildung und Infektionen.
- zellulärer (oxidativer) Stress: Nikotin fördert die Bildung freier Radikale, die oxidativen Stress verursachen. Dieser Stress schädigt die Hautzellen und führt zu vorzeitiger Hautalterung und einer erhöhten Anfälligkeit für Hautkrankheiten.

Alkohol beeinträchtigt die Haut durch folgende Vorgänge:

- Dehydrierung: Alkoholkonsum wirkt diuretisch, entzieht also dem Körper, einschließlich der Haut, Wasser. Eine dehydrierte Haut verliert an Volumen und Straffheit, und das führt zu trockener Haut und feinen Linien.
- Erweiterung der Blutgefäße: Durch Alkohol erweitern sich die Blutgefäße, insbesondere in der Gesichtshaut. Dies kann zu einer Rötung der Haut, sichtbaren Äderchen (Couperose) und langfristig zu einer dauerhaften Gefäßerweiterung führen. Deutlich zu erkennen ist diese Entwicklung auf den Wangen und insbesondere auf der Nase. Aber sie betrifft den ganzen Organismus.
- Nährstoffmangel: Alkohol hemmt die Aufnahme von wichtigen Nährstoffen wie Vitamin A, C und Zink, die für eine gesunde Haut essenziell sind. Zu wenig von diesen Nährstoffen kann die Haut schlaff, matt und ungesund wirken lassen.
- Entzündungen und Rosacea: Alkoholkonsum kann entzündliche Prozesse im Körper verstärken, und das wiederum kann bestehende Hauterkrankungen wie Rosacea

verschlimmern. Bei Menschen, die zu Rosacea neigen, kann Alkohol akute Schübe auslösen, mit starker Rötung und Pustelbildung.

- veränderter Hormonhaushalt: Alkohol beeinflusst den Hormonhaushalt. Das kann die Talgproduktion steigern und zu Akne und fettiger Haut führen.

Für eine gesunde Haut ist es wichtig, den Konsum von Nikotin und Alkohol zu reduzieren oder ganz zu vermeiden. Sonst sind vorzeitige Hautalterung, (entzündliche) Hautreaktionen und ein insgesamt ungesundes Hautbild vorprogrammiert.

Brüchige Nägel und Haare – zu wenig Nährstoffe

Sie wollen zu einer großen Party, und schon wieder ist ein Nagel abgebrochen oder die Haare haben Spliss. Das ist nicht nur ein ästhetisches Problem, sondern dahinter können auch ernstere Ursachen stecken. Der häufigste Grund ist ein Mangel an lebenswichtigen und aufbauenden Nährstoffen. Damit Ihre Haare im Schnitt täglich 0,3 bis 0,4 Millimeter und die Fingernägel etwa 0,12 Millimeter wachsen können, brauchen sie täglich ihre Baustoffe, und zwar möglichst in bester Qualität. Ein Mangel an folgenden Nährstoffen zeigt sich immer in brüchigen Nägeln und Haaren:

- Eisenmangel: Eisen spielt eine ganz wichtige Rolle bei der Sauerstoffversorgung, und so kann das Wachstum von Haaren und Nägeln dadurch stark beeinflusst werden.
- Biotinmangel (Vitamin B_7): Vitamin B_7 ist entscheidend für die Produktion von Keratin, das die Grundlage zum Aufbau und zur Formgebung für Nägel und Haare bildet.

Keratin ist ein faserbildendes Strukturprotein, das sich auch in der Oberhaut findet.
- Zinkmangel: Zink ist wichtig für die Zellregeneration. Ein Mangel wirkt sich direkt auf die Qualität der Zellen von Haut, Nägeln und Haaren aus.
- Vitamine A, C und D: Diese Vitamine sind essenziell beteiligt an der Bildung von Kollagen und unverzichtbar für die Gesundheit der Haarfollikel.
- Proteinmangel: Haare und Nägel bestehen zu einem Großteil aus Keratin. Fehlt dieses, dann werden Haare und Nägel brüchig.

Wenn Sie sich bereits ausgewogen und vitalstoffreich ernähren, gilt es, die tiefere Ursache für den Nährstoffmangel zu finden. Das können eine Unterfunktion der Schilddrüse sein oder hormonelle Veränderungen durch eine Schwangerschaft, während der Stillzeit oder der Menopause, aber auch eine Anämie durch Eisenmangel oder Diabetes. Eine zu geringe Flüssigkeitsaufnahme sowie die häufige Nutzung von Nagellack, Nagellackentferner, Haarfärbemitteln können außerdem die Haar- und Nagelgesundheit negativ beeinflussen. Leider müssen wir auch mit zunehmendem Alter Veränderungen an Nägeln und Haaren akzeptieren.

Kreisrunder Haarausfall – wenn das Immunsystem meckert

Der kreisrunde Haarausfall, auch Alopecia areata genannt, ist eine Autoimmunerkrankung, bei der das Immunsystem die Haarfollikel angreift, weil es sie fälschlicherweise als Fremdkörper interpretiert. Das führt zu plötzlichem und lokalem Haarausfall, und es bilden sich runde oder ovale kahle Stellen auf der Kopfhaut oder auch an anderen Körperstellen, wo normalerweise Haare wachsen würden. Betroffen sind Menschen jeden Alters, aber am häufigsten trifft es Jugendliche und junge Erwachsene, und zwar Männer und Frauen nahezu gleichermaßen. Eine besondere Häufung findet sich bei Menschen, die bereits eine andere Autoimmunerkrankung wie zum Beispiel Diabetes Typ 1 oder eine Schilddrüsenstörung aufweisen.

Die genaue Ursache ist wissenschaftlich noch nicht vollständig geklärt, aber eine enge Beziehung zum Immunsystem scheint der Hauptgrund zu sein. Es gibt eindeutige wissenschaftliche Hinweise darauf, dass genetische Veranlagung, aber vor allem bestimmte Umweltfaktoren, die das Immunsystem stark belasten, wie Stress oder Infektionen, eine dominante Rolle spielen.

Helfen können Cortisonpräparate in Form von Cremes oder Tabletten, Lichttherapie und eine Immuntherapie. Da der kreisrunde Haarausfall meist aber emotional durch zu hohe Belastungen oder Traumata verursacht wird, hilft oft die Unterstützung durch angemessene Psychotherapie oder durch Entspannungstechniken. Wichtig ist, dass Betroffene Ruhe bewahren, denn die Haare wachsen auch ohne Behandlung meist innerhalb eines Jahres wieder vollständig nach. Allerdings kann es zu Rückfällen kommen. Manchmal muss man nur abwarten, denn nicht selten verschwindet das Problem auch so schnell, unvorhersehbar und spontan, wie es aufgetreten ist.

Temperatursinn – Kälte- und Wärmeempfindungen

Eisbaden ist in und wird von Jahr zu Jahr beliebter. Die meisten jedoch schüttelt es bei dem Gedanken, im Winter bei zwei Grad draußen eine kleine Runde im eiskalten Wasser zu schwimmen. Das ist auch gut so und zeugt von einem gesunden Verhältnis zu extremen Temperaturen.

Der Temperatursinn, die Thermozeption, ist eine unserer wichtigsten und lebensrettenden Sinneswahrnehmungen und ermöglicht uns, Temperaturen in unserer Umgebung und von Gegenständen wahrzunehmen. Selten machen wir uns klar, wie wichtig das ist. Aber nur dadurch können wir unser Verhalten an unterschiedliche Temperaturbedingungen anpassen, zum Beispiel durch die Wahl der Kleidung, durch Schutzsuchen oder das Verändern der Körperhaltung. Außerdem schützt uns der Temperatursinn vor schädlichen Extremtemperaturen, indem er Kälte- und Hitzereize wahrnimmt und entsprechende Reflexe auslöst. Dazu gehört beispielsweise, dass wir unsere Hand sofort zurückziehen, wenn wir einen heißen Gegenstand berühren.

Spezielle Sensoren in der Haut ermöglichen uns die Wahrnehmung von Temperaturen. Die Thermorezeptoren senden elektrische Signale über Nervenbahnen zum Gehirn, wo diese Temperaturinformationen wahrgenommen und verarbeitet werden. Von diesen Thermorezeptoren gibt es zwei Haupttypen:

- Die Kälterezeptoren reagieren auf kühle bis kalte Temperaturen und befinden sich näher an der Hautoberfläche. Sie sind besonders sensitiv für sinkende Temperaturen.
- Die Wärmerezeptoren springen bei warmen bis heißen Temperaturen an und liegen tiefer in der Haut. Sie reagieren sensibel auf Temperaturerhöhungen.

Unser Warm- und Kaltempfinden findet also über unterschiedliche Sensoren statt, die auch an verschiedenen Punkten liegen. Das können Sie leicht selbst testen, indem Sie zum Beispiel einen spitzen, warmen Gegenstand wie einen Bleistift mit Graphitmine und einen kalten Metallstab mit sanftem Druck über die Haut des Handrückens führen. An bestimmten Punkten werden Sie die Temperaturen intensiver wahrnehmen und spüren, dass sich Warm- und Kaltpunkte an unterschiedlichen Stellen befinden. An der Hand befinden sich pro Quadratzentimeter nur ein bis drei Kaltpunkte, und die Warmpunkte sind sogar noch seltener. Im Bereich des Rumpfs und der Unterschenkel sind noch weniger Sensoren zu finden. Dagegen liegen die Thermosensoren im Bereich von Mund und Lippen so dicht beieinander, dass sie nahezu eine einheitliche Sinnesfläche bilden. Tatsächlich ist diese periorale Region für die Thermorezeption der wichtigste Bereich, denn es ist für uns überlebenswichtig, keine zu heißen oder kalten Nahrungsmittel aufzunehmen. Genau deswegen prüft eine Mutter die Temperatur des Babyfläschchens nicht nur mit der Hand, sondern vor allem mit den Lippen.

Besonders am Rücken und den Unterschenkeln ist unser Temperaturempfinden eher schlecht ausgeprägt. Wir nehmen dort in der Regel nur dann Temperaturen wahr, wenn sie als große Fläche auf diese Hautregionen treffen. Legen Sie sich beispielsweise ein Wärmekissen in den Rücken, so spüren Sie natürlich auf großer Fläche die Wärme. Wenn Sie jedoch mit einer Lupe die Sonnenstrahlen bündeln und diese punktuell auf den Rücken projizieren, dann bleibt dieser Reiz zunächst recht lange ohne Empfindung. Erst wenn die Temperatur dort so hautschädlich wirkt, dass die Nozizeptoren erregt werden (über 45 Grad Celsius), werden Sie auch punktuelle Hitze im Bereich des Rückens spüren.

Die Fähigkeit des Menschen, Temperaturen wahrzunehmen, wird noch durch weitere Faktoren begrenzt. Wir können nur in einem bestimmten Bereich Temperaturen genau wahrnehmen, etwa zwischen 10 und 45 Grad Celsius. Außerhalb dieses Bereichs nehmen wir Kälte und Wärme weniger differenziert wahr, sodass es bei extremen Temperaturen zu einer verminderten Reaktionsfähigkeit kommen kann. Allerdings kann sich die Thermozeption an konstante Temperaturen anpassen, sodass wir sie bei längerem Kontakt weniger stark oder eventuell gar nicht mehr wahrnehmen. Dies kann sogar die Fähigkeit beeinträchtigen, plötzliche Temperaturveränderungen zu bemerken. Die Empfindlichkeit des Temperatursinns kann dabei von Mensch zu Mensch variieren, weil er zudem durch genetische Voraussetzungen, Alter und Gesundheitszustand beeinflusst wird.

Der Iceman

Der niederländische Extremabenteurer Wim Hof ist ein außergewöhnliches Beispiel dafür, wie sehr sich Menschen an Temperaturen außerhalb ihrer Komfortzone anpassen können. Hof hielt den Rekord für das längste Eisbad: Er stand fast zwei Stunden bis zum Hals in eisigem Wasser. Und er schaffte es, 58 Meter unter einer geschlossenen Eisdecke zu schwimmen. Im Eisbaden und -schwimmen hat ihn inzwischen der Pole Krzysztof Gajewski übertroffen. Aber Hof ist auch in der Lage, sich schnell an extreme Hitze anzupassen, und so absolvierte er einen Marathon in der Namib-Wüste, ohne währenddessen auch nur einen Schluck Wasser zu trinken. Ob dies jedoch nur mit seiner speziellen Fähigkeit zu tun hat, seine Temperatur schneller oder besser zu regulieren, ist bisher wissenschaftlich nicht nachgewiesen. Vermutet wird, dass seine begleitenden Techniken aus Meditation und Atemlehre zu diesen extremen Leistungen beitragen.

Vom Sommerurlaub im Süden wissen Sie, dass sich Ihr Körper in ein paar Tagen an die veränderten Rahmenbedingungen mit ungewohnter Hitze anpassen kann. Sie gewöhnen sich sogar so sehr daran, dass Sie es nach dem Urlaub zu Hause plötzlich kühl finden. Der menschliche Körper hat nämlich verschiedene Mechanismen entwickelt, um sich an unterschiedliche Temperaturen anzupassen. Das nennen wir Thermoregulation. Durch physiologische Prozesse wie Schwitzen bei Hitze oder Zittern bei Kälte reguliert der Körper seine Temperatur kurzfristig. Bei längerem Aufenthalt in einer extrem warmen oder kalten Umgebung passt sich der Körper an, indem er beispielsweise den Blutfluss zur Haut reguliert oder die Stoffwechselrate verändert.

PROPRIOZEPTION – die Stimmen aus der Tiefe des Körpers

In der Dunkelheit gehen, ohne hinzufallen, ein Glas Wasser nehmen und daraus trinken, ohne hinzusehen, am Strand im Sand laufen, hüpfen oder springen, obwohl der Fuß ständig auf einen leicht veränderten Untergrund trifft – das alles haben Sie bis jetzt sicher für selbstverständlich gehalten, oder? Doch all das funktioniert nur deshalb unfallfrei, weil Ihr Körper dafür bestimmte Sensoren besitzt. Der breiten Öffentlichkeit sind diese allerdings weitgehend unbekannt.

Die Fähigkeit Ihres Körpers, ohne visuelle Hilfe seine Position und Bewegungen im Raum wahrzunehmen, heißt Propriozeption. Diese Tiefensensibilität ermöglicht es Ihnen, die Lage,

Bewegung und Kraft Ihrer Gliedmaßen, Ihre Körperhaltung, die Anspannung und Entspannung Ihrer Muskeln zu erkennen. Diese innere Wahrnehmung ist entscheidend für die gesamte Koordination unserer Bewegungen und auch für unser Gleichgewicht. Sie ermöglicht uns, komplexe Bewegungen ohne ständige visuelle Kontrolle auszuführen.

Störungen in der Körperwahrnehmung können zu massiven Koordinationsproblemen, Gleichgewichtsstörungen und zu Schwierigkeiten bei alltäglichen Aktivitäten führen. Solche Störungen können durch neurologische Erkrankungen, Verletzungen oder Entwicklungsstörungen entstehen oder einfach nur durch eine ungenügende Körperwahrnehmung verursacht werden. Gerade Letzteres finden wir im heutigen Alltag des ständigen Sitzens und des digitalen Konsums viel zu häufig. Die damit verbundene Bewegungsarmut führt durch Nichtnutzung zu einer Degeneration der inneren Wahrnehmungsprozesse und zu einem Verlust des Verständnisses für den eigenen Körper.

Die Hauptkomponenten der Propriozeption oder Tiefensensibilität sind:

- **Wahrnehmung der Körperteile im Raum**: Diese Fähigkeit erlaubt uns, die Position der eigenen Körperteile (»Positionssinn«) relativ zueinander und im Raum zu erkennen. Dies ermöglichen jene Sensoren in Muskeln, Sehnen und Gelenken, die auch Informationen über Dehnung und Spannung (»Kraftsinn«) an das Gehirn senden.
- **kinästhetische Wahrnehmung:** Diese Komponente betrifft das Erkennen der Bewegung der eigenen Körperteile. Die kinästhetische Wahrnehmung (»Bewegungssinn«) wird ebenfalls durch Sensoren in Muskeln und Gelenken unterstützt, die Bewegungsinformationen, wie zum Bei-

spiel die Geschwindigkeit einer Bewegung, an das Gehirn übermitteln.

- **vestibuläre Wahrnehmung:** Das vestibuläre System im Innenohr spielt eine entscheidende Rolle bei der Körperwahrnehmung, vor allem beim Gleichgewicht und der Orientierung im Raum. Es hilft, die Position des Kopfs in Bezug auf die Schwerkraft zu erkennen und Bewegungen wie Drehungen zu registrieren.
- **taktiler Sinn:** Die Haut enthält, wie oben beschrieben, zahlreiche Sensoren, die Berührungen, Druck, Vibration und Temperatur wahrnehmen. Diese taktilen Informationen tragen zur Gesamtwahrnehmung des Körpers bei, indem sie Rückmeldung über den Kontakt mit äußeren Objekten, wie zum Beispiel die Tasse, Steinchen im Sand oder den Tennisschläger, geben.

Die Informationssysteme unseres Innenlebens

Insgesamt gibt es Zehntausende von Propriozeptoren im menschlichen Körper, die zusammenarbeiten, um eine genaue Wahrnehmung der Tiefensensibilität zu ermöglichen. Die exakte Zahl ist schwer zu bestimmen, weil sie von vielen Faktoren abhängt, einschließlich der spezifischen anatomischen und physiologischen Gegebenheiten jedes Individuums.

Muskelspindeln – Schutz vor Überdehnung

Ein Mensch besitzt etwa 25 000 bis 30 000 Muskelspindeln im gesamten Körper. Die genaue Anzahl kann je nach Muskelgruppe und Individuum variieren. Muskelspindeln sind spezialisierte Rezeptoren, die in den Skelettmuskeln vorkommen und eine zentrale Rolle bei der Regulation der Muskelspannung und der Wahrnehmung der Muskeldehnung spielen. Sie sind essenziell für die Kontrolle der Körperhaltung, der Feinmotorik, der Kraftentfaltung und der Koordination von Bewegungen. Muskelspindeln liegen innerhalb der Skelettmuskulatur, eingebettet zwischen den regulären Muskelfasern (sogenannten extrafusalen Fasern). Sie sind parallel zu diesen Fasern angeordnet, sodass sie bei jeder Dehnung oder Kontraktion des Muskels mitdehnen oder mitschwingen.

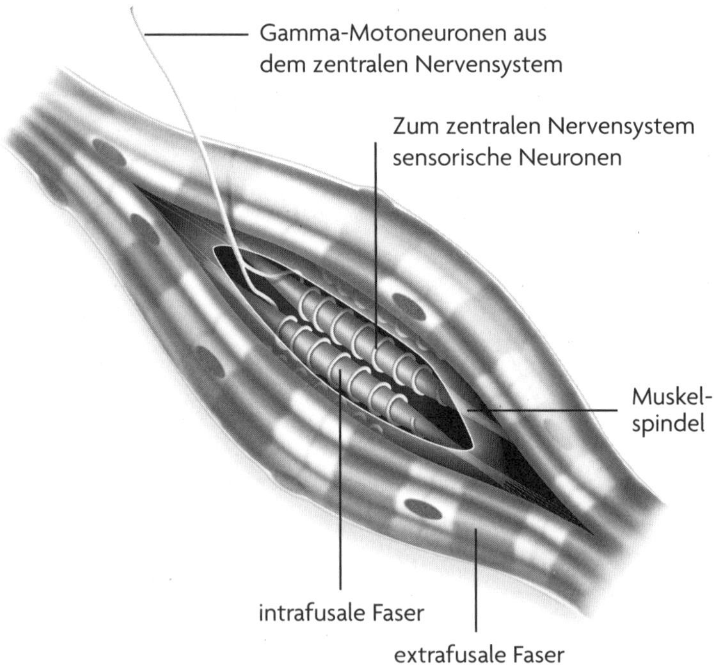

Muskelspindel mit intrafusaler Faser

Eine Muskelspindel besteht aus mehreren spezialisierten Muskelfasern, den intrafusalen Fasern (siehe links), die von einer dünnen Kapsel umgeben sind. Diese intrafusalen Fasern sind von sensorischen Nervenzellen umwickelt, die auf die Längenveränderung des Muskels reagieren. Es gibt zwei Haupttypen von intrafusalen Fasern: Kernkettenfasern messen die statische Muskeldehnung, also die Länge des Muskels. Kernsackfasern reagieren auf dynamische Veränderungen der Muskeldehnung, also auf die Geschwindigkeit, mit der ein Muskel gedehnt wird.

Muskelspindeln messen kontinuierlich die Länge des Muskels und die Geschwindigkeit, mit der er gedehnt wird. Diese Informationen werden umgehend an das zentrale Nervensystem weitergeleitet. Wird ein Muskel plötzlich gedehnt, senden die Muskelspindeln Signale an das Rückenmark, das wiederum eine Reflexkontraktion des Muskels auslöst, um eine weitere Dehnung zu verhindern. Dieser sogenannte Muskelspindelreflex oder myotatische Reflex schützt den Muskel vor Verletzungen durch Überdehnung (siehe oben). So helfen Muskelspindeln bei der Feinregulation der Muskelspannung, die für präzise Bewegungen und die Stabilisierung der jeweiligen Körperhaltung notwendig ist.

Beeinflussung der Muskelspindeln durch Training

Die Anzahl der Muskelspindeln selbst ändert sich durch Training nicht signifikant, weil sie weitgehend genetisch festgelegt ist. Allerdings kann das Training Muskelspindeln indirekt beeinflussen, indem es die Empfindlichkeit und Funktionalität dieser Sensoren verbessert. Das optimiert die Wahrnehmung von Muskeldehnung und Muskelposition, was wiederum die motorische Kontrolle, Bewegungssteuerung und damit die gesamte Leistungsfähigkeit verbessert. Durch gezieltes Training wie Kraft-, Dehnungs-, Gleichgewichts-, Koordinations- und plyometrisches Training kann die Funktion und Sensibilität der Muskelspindeln verbessert werden:

- Regelmäßiges Krafttraining kann die Sensibilität der Muskelspindeln erhöhen, insbesondere in Bezug auf die Muskelspannung. Durch wiederholte Muskelkontraktionen und -dehnungen lernen die Muskelspindeln, effektiver auf Veränderungen zu reagieren, und das verbessert die Muskelkontrolle und -kraft.
- Dehnübungen fördern die Flexibilität und die Sensibilität der Muskelspindeln. Regelmäßiges Dehnen erhöht die Toleranz gegenüber Dehnungen, sodass sich die Beweglichkeit verbessert und die Reflexantwort bei plötzlichen Dehnungen reduziert. Anders wären die »Verrenkungen« beim Turnen oder Eiskunstlauf nicht möglich.
- Übungen, die das Gleichgewicht und die Körperwahrnehmung fördern, wie Balanceübungen, können die Funktion der Muskelspindeln verbessern. Dieses Training stärkt die Fähigkeit der Muskelspindeln, präzise Rückmeldungen über die Muskelposition und -bewegung zu geben.
- Plyometrisches Training (reaktives Training) beinhaltet schnelle und explosive Bewegungen, die die Muskelspindeln dazu anregen, schnell auf Dehnungen zu reagieren. Typisch sind Tiefsprünge wie ein Sprung von einem Kasten, gefolgt von einem sofortigen Sprung nach oben. Dies verbessert die Fähigkeit des Muskels, Schnellkraft zu erzeugen und die muskuläre Reaktionsfähigkeit zu erhöhen. Dabei wird die Muskulatur zunächst gedehnt und in die Länge gezogen und anschließend schnell und kraftvoll kontrahiert.

- Übungen, die eine hohe Koordination erfordern, wie komplexe Bewegungsmuster oder Sportarten mit schnellen Richtungswechseln, verbessern die Effizienz der Muskelspindeln, indem sie das Zusammenspiel zwischen den sensorischen Rückmeldungen und der motorischen Antwort optimieren.

Die Kombination dieser Trainingsmethoden führt zu einer besseren Bewegungssteuerung und einem geringeren Verletzungsrisiko.

Sehnenspindeln (Golgi-Sehnenorgane) – Wächter der Muskelspannung

Sehnenspindeln sind spezialisierte Rezeptoren, die in den Sehnen der Skelettmuskulatur vorkommen. Sie sind auch als Golgi-Sehnenorgane oder Golgi-Sehnenapparate bekannt und spielen eine sehr bedeutende Rolle bei der Regulierung von Muskelspannung und -kraft. Jeder von uns besitzt etwa 3000 bis 6000 Sehnenspindeln. Die genaue Anzahl variiert je nach Muskelgruppe und individueller Physiologie. Sie befinden sich an den Übergängen zwischen Muskeln und Sehnen, genauer gesagt in den Sehnen selbst, wo sie mit den Kollagenfasern der Sehnen verbunden sind. Dort sind sie für die Wahrnehmung von Spannungsänderungen innerhalb der Sehne verantwortlich.

Die Sehnenspindeln spielen eine wesentliche Rolle bei der Tiefensensibilität und schützen die Muskeln vor übermäßiger Spannung. Dafür sind sie in Serie zu den Muskelzellen angeordnet und messen die Spannung, die durch die Kontraktion des Muskels auf die Sehne ausgeübt wird. Das ist vor allem wichtig, wenn bestimmte Dehntechniken zur Verbesserung der Flexibilität angewandt werden. Wenn ein Muskel kontrahiert, erzeugt er eine Spannung in der Sehne, die von den Sehnenspindeln erfasst wird. Diese Spannungssignale werden an das zentrale Nervensystem weitergeleitet. Sehnenspindeln haben zwei Hauptwirkungen:

- Schutz vor Überdehnung und Überbelastung: Wenn die Spannung in einer Sehne zu hoch wird, senden die Sehnenspindeln Signale an das Rückenmark. Dort werden die Motoneurone des betroffenen Muskels gehemmt, sodass sich die Muskelkontraktion verringert. Dies schützt den Muskel vor Überlastung und möglichen Verletzungen wie Sehnenrissen.
- Regulation der Muskelkraft: Durch die Rückmeldung, die die Sehnenspindeln an das zentrale Nervensystem geben, tragen sie zur Feinabstimmung der Muskelkraft bei. Sie ermöglichen es, die Muskelkraft in Abhängigkeit von den Anforderungen der jeweiligen Aufgabe präzise zu steuern.

Muskel- und Sehnenspindel agieren also indirekt gegenteilig: Die Muskelspindel liegt parallel zu den Muskelfasern, feuert mit zunehmender Dehnung, und im Ergebnis führt das zu einer Kontraktion des Muskels. Die Sehnenspindel liegt seriell und feuert, wenn der Muskel durch Kontraktion eine Dehnung auf die Kollagenfasern bringt, und das führt zu einer stärkeren Entspannung der Muskulatur.

Beeinflussung der Sehnenspindeln durch Training

Ebenso wie die Muskelspindeln können wir auch die Sehnenspindeln nicht direkt trainieren. Allerdings können wir ihre Funktion und die zugrunde liegenden Reflexe durch bestimmte Trainingsmethoden beeinflussen:

- Übungen, die unsere Körperwahrnehmung und das Gleichgewicht fördern, können die Sensibilität der Sehnenspindeln verbessern. Beispielsweise können Balanceübungen auf instabilem Untergrund oder bewusste Wahrnehmungsübungen helfen, die Rückmeldemechanismen der Sehnenspindeln zu schärfen.
- Durch gezieltes Krafttraining wird nicht nur die Muskelkraft erhöht, sondern auch die Fähigkeit des Nervensystems verbessert, die Muskelspannung effektiv zu regulieren. Regelmäßiges Training kann die Schwelle erhöhen, ab der Sehnenspindeln eine Schutzreaktion auslösen, was die Kraftentwicklung verbessert.
- Regelmäßiges Dehnen hilft, die Elastizität der Sehnen zu verbessern und die Reaktionsfähigkeit der Sehnenspindeln zu beeinflussen. Dies kann dazu beitragen, das Verletzungsrisiko zu verringern und die Muskelkontrolle zu verbessern.
- Durch komplexe Bewegungen, die sowohl Kraft als auch Geschicklichkeit erfordern (etwa bei Sportarten wie Gymnastik, Klettern oder Kampfsport), wird die Zusammenarbeit zwischen Muskeln, Sehnen und dem Nervensystem optimiert. Dies schult indirekt auch die Funktion der Sehnenspindel.

Gelenksensoren – Fühler der Bewegung

Gelenksensoren sind spezialisierte Rezeptoren in den Gelenken, die Informationen über die Position, Bewegung und Belastung der Gelenke an das zentrale Nervensystem übermitteln. Diese Sensoren sind entscheidend für die Propriozeption, die es uns erst ermöglicht, unsere Gliedmaßen zu kontrollieren und das Gleichgewicht zu halten. Sie messen Position, Bewegung, Dehnung und Druck in den Gelenken und beeinflussen die Bewegungskoordination, das Gleichgewicht und die Schutzreflexe.

Es gibt verschiedene Typen von Gelenksensoren – die Ruffini- und Vater-Pacini-Körperchen sind Ihnen schon bei der Oberflächenwahrnehmung der Haut begegnet – und ihre Anzahl kann je nach Gelenk und Person variieren. Sie messen jeweils unterschiedliche Aspekte der Gelenkbewegung und -belastung:

- **Ruffini-Körperchen** finden sich in den Gelenkkapseln und den Bändern. Es sind »langsam adaptierende« Rezeptoren, die auf kontinuierliche Dehnung und auf die Geschwindigkeit und Richtung von Gelenkbewegungen reagieren. Diese Sensoren sind in nahezu jeder Bewegungsposition aktiv, sodass sie uns ständig Rückmeldung geben über die Stellung des Gelenks in Ruhe, die Veränderung des intraartikulären Drucks (des Drucks innerhalb der Gelenkkapsel), die Bewegungsamplitude (Ausmaß der Bewegung) des Gelenks und die Bewegungsgeschwindigkeit.
- **Vater-Pacini-Körperchen** liegen tief in den Gelenkkapseln und in periartikulären Geweben, also den Geweben um ein Gelenk herum. Es sind schnell adaptierende Rezeptoren, die auf schnelle Veränderungen des Drucks und der Gelenkbewegungen reagieren. Sie sind daher besonders empfindlich gegenüber Vibrationen und helfen bei der Erkennung von schnellen Bewegungsänderungen. Sie gehören zu unseren empfindlichsten Sensoren, weil sie winzigste Veränderungen von 1 Mikrometer wahrnehmen. Man könnte sie auch als Beschleunigungssensoren bezeichnen.
- **Golgi-Mazzoni-Körperchen** befinden sich in den Gelenkkapseln, insbesondere in Bereichen mit hoher Druckbelas-

tung. Sie reagieren auf Kompression und auf Veränderungen der Gelenkstellung und tragen zur Regulation von Gelenkbelastungen bei.

Auch die Golgi-Sehnenorgane, die Sie bereits im letzten Kapitel detaillierter kennengelernt haben, schützen das Gelenk vor übermäßiger Belastung, indem sie den Muskel entspannen, wenn die Spannung zu groß wird.

Gelenksensoren messen also verschiedene Parameter der Gelenkbewegung und -belastung wie die genaue Position des Gelenks im Raum, die Richtung und Geschwindigkeit der Gelenkbewegung sowie die Kraft, die auf das Gelenk ausgeübt wird, inklusive der Dehnung des Gewebes der Umgebung. Dadurch tragen sie dazu bei, die Körperhaltung zu stabilisieren und das Gleichgewicht zu halten. Sie geben kontinuierliche Rückmeldungen über die Gelenkstellung und -bewegung, die für die präzise Steuerung der Bewegungen notwendig sind. Besonders bedeutsam ist, dass sie bei übermäßiger Belastung oder ungünstigen Gelenkstellungen Schutzreflexe aktivieren, die Verletzungen verhindern sollen, indem sie beispielsweise die Muskelspannung verringern.

Beeinflussung der Gelenksensoren durch Training

Die Funktion und Effizienz der Gelenksensoren kann durch gezieltes Training wie Balance-, Koordinations- und Krafttraining ebenfalls nur indirekt beeinflusst und verbessert werden:

- Übungen wie Balance- und Stabilisationstraining (etwa Stehen auf einem Balancekissen, Wackelbrett) verbessern die Wahrnehmung der Gelenkstellung und die Reaktionsfähigkeit der Gelenksensoren.

- Aktivitäten, die komplexe koordinierte Bewegungen erfordern (wie Tanz, Gymnastik, Kampfsport), verbessern die Kommunikation zwischen den Gelenksensoren und dem zentralen Nervensystem.
- Krafttraining stärkt nicht nur die Muskulatur, sondern auch die Effizienz der Gelenksensoren. Vor allem Übungen, die unsere Gelenke unter verschiedenen Belastungen bewegen, verbessern die Fähigkeit der Sensoren, auf unterschiedliche Kräfte und Positionen zu reagieren.
- Dehnen und Mobilisation der Gelenke kann die Sensibilität der Gelenksensoren erhöhen und die Flexibilität verbessern.
- Sportarten, die schnelle Richtungswechsel, Sprünge oder Balance erfordern (wie Fußball, Basketball, Skifahren), fördern die Funktion der Gelenksensoren.

Faszien – sehr bedeutend für die Tiefensensibilität

Das kollagene Bindegewebe, das all unsere Zellen umhüllt, unsere Faszien, bildet ein großes Netzwerk für die Körperwahrnehmung. Die Faszien sind mit circa 250 Millionen sensorischen Nerven ausgestattet und stellen so wahrscheinlich das informationsreichste Sinnesorgan für unsere Tiefensensibilität dar. Zum Vergleich: Die Haut besitzt etwa 200 Millionen Nervenendigungen.

Den größten Anteil der sensorischen Qualitäten machen dabei die freien Nervenendigungen aus. Deren Reizschwelle ist in den Faszien nur halb so hoch wie in der Haut und der Muskulatur, was sie sehr sensibel macht. Darüber hinaus finden sich in den Faszien auch die typischen Mechanorezeptoren wie Golgi-, Ruffini-, Vater-Pacini-Sensoren und auch Muskelspindeln.

Anatomisch betrachtet trennt die oberflächlichen und die tiefen Faszien eine Schicht aus Fettgewebe, sodass sie weitgehend unabhängig voneinander sind. Daher wird vermutet, dass die oberflächlichen und die tiefen Faszien unterschiedliche Funktionen im Wahrnehmungsprozess erfüllen. Die oberflächlichen Faszien dienen eher der Exterozeption, während die tiefen Faszien aufgrund ihrer Verbindungen zu den Muskeln und zu anderen Gewebetypen primär der Tiefensensibilität zuzuordnen sind. Jedoch wird dieses Prinzip stellenweise durchbrochen, weil zum Beispiel die Haut in den Handflächen und an den Fußsohlen über Kollagenfasern direkt mit der tiefen Faszie verbunden ist, sodass diese Sensoren ebenfalls der Tiefensensibilität dienen können.

In der tiefen Faszie finden sich sowohl dünn myelinisierte, schnelle Nervenfasern vom Typ III als auch unmyelinisierte Fasern vom Typ IV, die eher langsam sind. In den verschiebbaren Schichten der Faszien finden sich Vater-Pacini-Körperchen und auch eine größere Anzahl an freien Nervenendigungen. Beide werden vor allem durch Kompression und Druck aktiviert. Die Rezeptoren senden Informationen über Bewegungsverschiebungen der Faszien und damit über die direkt zusammenhängenden Strukturen (Muskeln, Sehnen). Die freien Nervenendigungen werden übrigens dann am effektivsten aktiviert, wenn das Fasziengewebe bereits durch eine aktive Muskelkontraktion vorgespannt ist.

Im epimysialen Gewebe, einem lockeren Gewebe zwischen Faszie und Muskel, finden sich ausschließlich freie Nervenendungen, die ganz eng mit den Muskelspindeln verbunden sind und daher eine wichtige Rolle in Bezug auf die Tiefensensibilität spielen. In den aponeurotischen Geweben am Übergang vom Muskel zur Sehne finden sich sowohl freie als auch umkapselte freie Nervenendigungen sowie Vater-Pacini- und Ruffini-Sensoren.

Bindegewebige Begrenzungen oder auch sogenannte Haltebänder werden als Retinaculum bezeichnet. Damit werden zum Beispiel die Sehnen am Skelett fixiert, um deren Abhebung oder Verschiebung zu verhindern. Retinacula sind in der Regel Faszienverstärkungen beziehungsweise lokale Verdickungen einer tiefen Faszie, die sich besonders durch kontinuierliche mechanische Belastungen verstärken. Somit kann man in der Tat das Retinaculum als die am stärksten innervierte Faszie des Körpers bezeichnen. In diesem Gewebetyp finden sich insbesondere freie Nervenendigungen, Ruffini-, Vater-Pacini-, aber auch Golgi-Sensoren. Sie dienen alle sowohl der Wahrnehmung von Knochenbewegungen als auch von Muskelkontraktionen. Besonders am Sprunggelenk dienen sie auch der Wahrnehmung der Bewegung des Fußes und des Sprunggelenkes und sind daher von ganz besonderer Bedeutung für die Standstabilität.

Lange ging man davon aus, dass auch die Bänder völlig passive (fasziale) Strukturen seien, die nur über ein Gelenk verlaufen und Knochen miteinander verbinden. Das sehen wir heute ganz anders, denn auch hier bilden diese speziellen Faszien in der Dynamik mit den Knochen und den Muskeln ein wichtiges gemeinsames System: Sie sind während der gesamten Gelenkbewegung dynamisch in die Gelenkstabilisation und auch in die Wahrnehmung eingebunden. So sorgen die Kreuzbänder in jeder Gelenkstellung dynamisch für die Stabilität des Kniegelenks.

Deswegen wäre es vielleicht sogar besser, zukünftig die Sensoren nicht mehr nach Gelenkrezeptoren und Muskelsensoren zu unterteilen. Dafür spricht auch, dass viele Sensoren in den zug- und kraftübertragenden Muskelbereichen angeordnet sind und dementsprechend mit dem Bindegewebe eng verschmelzen. Eine strikte Trennung der Sensoren und auch der jeweiligen Gewebetypen macht insbesondere dann keinen Sinn, wenn man nicht nur die Anatomie, sondern die Funktion stärker in den Mittelpunkt rückt.

Gleichgewichtsorgan für die Orientierung

Das Gleichgewichtsorgan, auch Vestibularapparat genannt, ist ein essenzieller Teil des Innenohrs. Es spielt eine zentrale Rolle bei der Steuerung unseres Gleichgewichts und der Orientierung im Raum und ist daher auch ein wesentlicher Bestandteil der Tiefensensibilität. Der Gleichgewichtssinn übernimmt sogar bei aufrechter Körperhaltung eine Führungsrolle, denn die stabile Körperposition hat immer sensorischen Vorrang vor weiteren, weniger wichtigen Informationen. Soll also beispielsweise ein Training der Gelenksensoren stattfinden, dann ist es besser, dies in stabiler Körperhaltung auszuführen, wie zum Beispiel im aufrechten Sitz oder in der flachen Rücken- oder Bauchlage.

Das Gleichgewichtsorgan liegt im Innenohr neben der Cochlea (Hörschnecke). Es besteht aus mehreren Strukturen, die zusammen als Labyrinth bezeichnet werden, und ist in einem knöchernen Hohlraum im Schläfenbein (Os temporale) untergebracht. Der Vestibularapparat umfasst zwei Hauptteile: Die Bogengänge (Canales semicirculares) bestehen aus drei ringförmigen, halbkreisförmigen Kanälen, die in unterschiedlichen Raumebenen angeordnet sind. Die sogenannten Otolithenorgane Utriculus (großes Vorhofsäckchen) und Sacculus (kleines Vorhofsäckchen) nehmen die linearen Bewegungen und den Einfluss der Schwerkraft wahr.

Alle fünf Teile des Gleichgewichtsorgans zusammen sind entscheidend für die Erfassung unserer Bewegungen und der Lage unseres Körpers im Raum. Sie helfen uns, das Gleichgewicht zu halten und unsere Körperhaltung dafür anzupassen, und zwar sowohl in Ruhe als auch in Bewegung. Die drei Bogengänge sind dabei für die Wahrnehmung von Drehbewegungen des Kopfs verantwortlich. Jede der drei Raumrichtungen (vorn-hinten, oben-unten, links-rechts) wird von einem der Bogengänge erfasst. Innerhalb der Bogengänge befindet sich dafür eine spezielle Flüssigkeit, die Endolymphe. Wenn der Kopf gedreht wird, bewegt sie sich, und diese Bewegung wird von spezialisierten, ganz feinen Haarzellen in den Bogengängen erfasst, die dann Signale zur Kopfstellung an das Gehirn senden.

Die Otolithenorgane Utriculus und Sacculus erfassen dagegen lineare Beschleunigungen und die Position des Kopfs im Verhältnis zur Schwerkraft. Sie enthalten spezielle Kristalle (Otolithen), die auf eine gelatineartige Matrix drücken und sich bei Kopfbewegungen verschieben. Diese Verschiebung wird von Haarzellen registriert und ebenfalls an das Gehirn weitergeleitet.

Das Gleichgewichtsorgan ist deswegen von ganz zentraler Bedeutung für unsere Tiefensensibilität, weil es:

- die Aufrechterhaltung des Gleichgewichts kontrolliert und sichert, damit der Körper in allen Situationen stabil bleibt. Stellen Sie sich einmal die große Dynamik bei einem Sprungwurf im Handball vor, bei dem danach der Körper trotz des Einflusses vom Gegner unversehrt aufkommen und landen muss. Ohne Gleichgewichtsorgan wäre das nahezu unmöglich.

- dem Gehirn Informationen über die Lage des Körpers im Raum vermittelt. Das ist wichtig, um sich im Raum zu orientieren und zu wissen, wo oben und unten ist. Ein Salto-Springer vom 10-Meter-Turm weiß deswegen die Arbeit und Funktion des Gleichgewichtsorgans sehr zu schätzen.
- die Koordination der Augenbewegungen steuert, denn das Vestibularsystem ist direkt mit den Augenbewegungen verbunden (vestibulookulärer Reflex), um während der Kopfbewegung einen stabilen Blick auf Objekte zu ermöglichen.

Genau wie die Sensoren der Muskeln und Gelenke können Sie Ihr Gleichgewichtsorgan durch verschiedene Übungen und Aktivitäten indirekt trainieren, und zwar vor allem durch die Förderung der vestibulären Wahrnehmung und der Körperbalance. Das klappt mit:

- Gleichgewichtsübungen, wie auf einem Bein stehen, auf einem instabilen Untergrund einbeinig oder beidbeinig balancieren, wie Wackelbrett, Kreisel oder einer Slackline.
- Aktivitäten wie Yoga, Tai-Chi, Tanzen oder Gymnastik können die Balance und das Körperbewusstsein stärken, weil diese rhythmischen Bewegungen auch das Gleichgewicht fordern.
- Übungen, bei denen der Kopf bewegt wird, während man ein Objekt im Blick behält, helfen, die Verbindung zwischen Augenbewegungen und Gleichgewichtssystem zu stärken.
- Koordinationsübungen, die sowohl das Gleichgewichtsorgan als auch das visuelle System beanspruchen, wie das Gehen auf einer Linie oder das Balancieren eines Objekts auf dem Kopf oder auch mit der Hand.

Um die alltägliche Bewegungsfähigkeit und das Gleichgewicht langfristig zu erhalten und damit Stürzen vorzubeugen, empfehle ich Ihnen, das hochspezialisierte und wichtige vestibuläre System kontinuierlich zu trainieren und dadurch zu pflegen und zu erhalten.

Der Flamingo-Test

Der Einbeinstand auf dem nicht dominanten Bein sagt viel über die eigene Fitness oder auch Gebrechlichkeit aus. Gerade bei älteren Menschen kann man damit auch die Selbstständigkeit und das Risiko zu stürzen recht sicher abschätzen. Forscher um Prof. Ashar Rezaei von der Mayo Clinic in Rochester (USA) fanden 2024 heraus, dass sich beim Flamingo-Test alle zehn Jahre eine Verschlechterung um mehr als 2 Sekunden zeigt.

Probieren Sie es einmal selbst aus: Stellen Sie sich auf Ihr nicht dominantes Bein und stoppen Sie, wie lange Sie das Gleichgewicht so halten können.

Die folgenden Richtwerte dazu hat der staatliche Gesundheitsdienst National Health Service aus Großbritannien 2023 veröffentlicht:

- 18- bis 39-Jährige: 43 Sekunden
- 40- bis 49-Jährige: 40 Sekunden
- 50- bis 59-Jährige: 37 Sekunden
- 60- bis 69-Jährige: 30 Sekunden
- 70- bis 79-Jährige: 18 Sekunden
- über 80-Jährige: > 5 Sekunden

Andere Studien hatten bereits gezeigt, dass Menschen im Alter von 50 bis 60 Jahren, die es nicht mehr schaffen, mindestens 10 Sekunden lang auf einem Bein sicher und stabil zu stehen, ein doppelt so hohes Risiko haben, innerhalb der nächsten zehn Jahre zu sterben. Es lohnt sich also, das Gleichgewicht und den Einbeinstand zu trainieren. Balancieren Sie dafür auf einem Bein und halten Sie sich bei Bedarf zur Sicherheit an einem Stuhl fest oder stellen Sie sich zur Unterstützung neben eine Wand. Das können Sie immer wieder zwischendurch üben – natürlich mit beiden Beinen – und werden schnell Fortschritte erzielen. Zusätzlich sollten Sie auf jeden Fall auch Ihre Beinmuskulatur trainieren, denn die benötigen Sie, um länger sicher auf einem Bein stehen zu können.

Kinästhetik – der »bewegte« Sinn, die Königsdisziplin

Die kinästhetische Wahrnehmung wird auch als »Bewegungsempfindung« bezeichnet. Es geht dabei um die Fähigkeit, die Position, Bewegung und Kraft der eigenen Körperteile ohne visuelle Informationen wahrzunehmen und zu kontrollieren. Kinästhetische Wahrnehmung ist essenziell für das Zusammenspiel von Koordination, Gleichgewicht und die Ausführung präziser Bewegungen. Es handelt sich um die sensorische Rückmeldung, die wir über Muskelspannung, Gelenkstellungen, Geschwindigkeit und Richtung von Bewegungen erhalten, während wir sie ausführen. Diese Wahrnehmung ermöglicht uns,

Bewegungen flüssig und genau auszuführen, ohne sie ständig visuell kontrollieren zu müssen. Wie ausgeprägt diese wichtige Fähigkeit ist, unterscheidet Spitzensportler von weniger versierten Sportlern.

Ein Spitzensportler muss beim Skilaufen im Slalom nicht mehr hinschauen, wie seine Ski stehen, sondern er kann sich komplett auf den Kurs konzentrieren, weil er seine Bewegungen über die kinästhetische Wahrnehmung jederzeit (hoffentlich) im Griff hat. Der Skifahrer wird auch spüren, ob sich die Schneesituation auf der Piste verändert oder ob es gerade eisig ist. Das ist das sogenannte »Schneegefühl«. Schwimmer haben ein entsprechendes »Wassergefühl«. Fußballer müssen den Ball und den Fuß nicht ständig visuell kontrollieren wie Anfänger, weil ihre kinästhetische Wahrnehmung – ihr Ballgefühl – es ihnen ermöglicht, den Ball auch ohne diese Augenüberwachung am Fuß zu halten. Daher ist die kinästhetische Wahrnehmung die Königsdisziplin der Tiefensensibilität.

Das Zentrum der kinästhetischen Wahrnehmung befindet sich im zentralen Nervensystem, vor allem in den Bereichen, die für die Verarbeitung sensorischer Informationen zuständig sind:

- Der somatosensorische Kortex im Parietallappen des Gehirns verarbeitet die sensorischen Eingaben aus Muskeln, Sehnen, Gelenken und Haut. Er ist verantwortlich für die Integration der Informationen über die Körperposition und -bewegung.
- Das Kleinhirn spielt eine entscheidende Rolle bei der Feinabstimmung von Bewegungen, der Koordination und dem Gleichgewicht. Es verarbeitet Informationen über die Position und Bewegung der Gliedmaßen und hilft, präzise und koordinierte Bewegungen zu ermöglichen.

- Die Basalganglien liegen tief im Gehirn und sind ebenfalls an der Bewegungssteuerung beteiligt. Sie arbeiten eng mit dem Kleinhirn zusammen, um reibungslose und koordinierte Bewegungen sicherzustellen.

Die kinästhetische Wahrnehmung zeichnet sich dadurch aus, dass viele ihrer Aspekte unbewusst ablaufen. Nur dadurch sind wir in der Lage, komplexe, flüssige und präzise Bewegungen auszuführen, ohne darüber nachdenken zu müssen – sei es beim Gehen, Greifen oder bei sportlichen Aktivitäten. Durch ihre Anpassungsfähigkeit und Variabilität ermöglicht sie dem Körper, mit veränderten Bedingungen wie unterschiedlichen Oberflächen umzugehen oder auch neue Bewegungsmuster zu erlernen. Dabei liefert sie kontinuierlich Feedback über die aktuelle Position und Bewegung der Gliedmaßen an das zentrale Nervensystem und kann deswegen auch ins Bewusstsein gerufen werden. Das ist besonders dann wichtig, wenn wir neue Bewegungen erlernen.

Beispielsweise braucht jemand nach der Implantation eines neuen Hüftgelenks eine völlig neue kinästhetische Wahrnehmung der Hüftbewegung und der gesamten Körperbewegung beim Gehen oder Laufen. Schließlich hat einerseits die Operation vielfältige Veränderungen allein durch die mechanische Verletzung des Gewebes hervorgerufen, und andererseits ist natürlich mit einem künstlichen Hüftgelenk die sensorische Wahrnehmung nicht mehr so, wie sie ursprünglich einmal war. Viele Sensoren sind nun nicht mehr vorhanden, und der Betroffene muss das Bewegungsverhalten und die Kinästhetik im Rahmen einer Gehschule teilweise neu erlernen.

Wissenschaftler sprechen in diesem Zusammenhang von einem Neuaufbau des »afferenten Sets«. Das heißt, dass nach einer solchen Operation die Wahrnehmung aus der Körperperipherie wieder neu aufgebaut werden muss. Die (intakte) Funktion von Muskelspindeln, Sehnenspindeln und Gelenksensoren ist nämlich ganz entscheidend für eine optimale kinästhetische Wahrnehmung. Aber auch das Gehirn muss lernen, die veränderten sensorischen Informationen effizient zu verarbeiten, und das beeinflusst die Qualität der kinästhetischen Wahrnehmung direkt.

Regelmäßiges Training und gezielte Bewegungsübungen können aber die Sensibilität und Genauigkeit der kinästhetischen Wahrnehmung wieder verbessern. Übung macht den Meister – egal in welchem Alter!

Die kinästhetische Wahrnehmung lässt sich durch gezielte Übungen und Aktivitäten verbessern:

- Balance-Übungen: Stehen auf einem Bein, Übungen auf einem Balancekissen oder Wackelbrett oder auf einem instabilen Untergrund (wie Sand, Weichbodenmatten oder aufgerollten Gymnastikmatten) verstärken die sensorische Rückmeldung und trainieren die kinästhetische Wahrnehmung.
- Bewegungskombinationen: Übungen, die komplexe Bewegungen und die Koordination von verschiedenen Körperteilen erfordern, verbessern die Wahrnehmung und Kontrolle. Sportarten mit hoher Bewegungsvielfalt wie Tanzen, Kampfsport oder Gymnastik fördern die Wahrnehmung durch ständige Anpassung an unterschiedliche Bewegungsmuster oder Situationen.
- Krafttraining verbessert die Kontrolle über die Muskelspannung, und das wiederum steigert die kinästhetische Wahrnehmung. Auch regelmäßiges Dehntraining verbessert das Körpergefühl und erhöht somit die Sensibilität der Muskeln und Gelenke.

- Bewegungsvielfalt garantiert die notwendige Anpassungsfähigkeit: Indem Sie bekannte Bewegungen mit unterschiedlichen Geschwindigkeiten, Intensitäten oder Amplituden ausführen, verbessern Sie die sensorische Adaptation.

Versuchen Sie, im Alltag bewusst auf Ihre Körperhaltung und Bewegungen zu achten, etwa beim Gehen, Sitzen oder Treppensteigen. Konzentrieren Sie sich während normaler Bewegungen bewusst auf die Art und Weise, wie Sie sich bewegen und welche Muskeln Sie dabei spüren.

Sensomotorische Anpassungen im Gehirn

Das Beispiel der Hüftgelenkoperation zeigt, dass unser Gehirn bei der Propriozeption nicht nur beteiligt ist, sondern bereits abgespeicherte Signale auch durch andere ergänzen oder ersetzen kann. Dies ist im Sport immer wieder nötig, wenn jemand in seiner Disziplin besser werden will. Dann erklärt der Trainer oder die Übungsleiterin, wie bestimmte Bewegungen oder Körperhaltungen verändert werden müssen, um in der jeweiligen Sportart voranzukommen. Das stellt an das Sportlerhirn hohe Anforderungen, denn es muss die breit ausgetretenen Pfade der bekannten Bewegungsabläufe verlassen und neue Wege mit den optimalen Bewegungen für höhere Leistungen anlegen. Was passiert dabei im Gehirn?

Die motorischen Aufgaben werden immer als Muster von Kräften und Drehmomenten im Gehirn gespeichert: Für jede Bewegung ist also die dazu passende Muskelarbeit in Umfang, Intensität, Geschwindigkeit und Krafteinsatz abgespeichert.

Das Ganze nennen wir die sensomotorische Transformationsregel. Diese Regeln können durch neue afferente Informationen angepasst und verändert werden. Afferente Informationen sind also der Impulsgeber für die Veränderungen von Bewegungen und für die Anpassungen von Wahrnehmungsprozessen.

Diesen Veränderungs- und Anpassungsprozess können Sie beispielsweise beim Laufen oder beim Gehen an sich selber beobachten. Sie achten während des Gehens auf den Abrollvorgang Ihres Fußes und verändern diesen bewusst, indem Sie zum Beispiel verstärkt über die Großzehe abrollen. Die dabei entstehenden afferenten Informationen nehmen Sie bewusst auf und versuchen, entsprechend die Durchführung der Bewegung dauerhaft zu verändern und so die »alte« Transformationsregel nachhaltig zu beeinflussen.

Das kann ich hier zwar leicht und schnell beschreiben, aber gerade die »Rekalibrierung« durch afferente Impulse ist nicht ganz einfach. Das kennen viele aus ihrem Sport. Mit dem Lehrer oder der Lehrerin zu üben funktioniert, insbesondere dann, wenn wir dabei verbal unterstützt oder korrigiert werden. Das Gelernte aber nachhaltig und langfristig in ein neues Bewegungsmuster umzusetzen, ist etwas ganz anderes und die hohe Kunst. Gerade wenn es stressig wird, fallen wir dann schnell wieder in die alten, oft falschen Muster zurück.

Veränderungen können auch durch eine rein kognitive Herangehensweise herbeigeführt werden. Wenn wir uns bewusst mit der Bewegung auseinandersetzen, kann es zu einem Lernen und einer Veränderung kommen. Sportler stellen sich dazu beispielsweise optimale Bilder des Bewegungsablaufs vor und versuchen dann, diese auf die eigene körperliche Handlung zu übertragen.

Das Gehirn passt sich beim Training der Körperwahrnehmung, ganz speziell der Propriozeption, und bei der Rekalibrierung durch mehrere Mechanismen an, die sowohl strukturelle als auch funktionelle Veränderungen umfassen:

- neuronale Plastizität: Das Gehirn zeigt eine erhöhte neuronale Plastizität. Das bedeutet, dass es in der Lage ist, neue Verbindungen zwischen Nervenzellen zu bilden und bestehende zu stärken. Dies verbessert die Fähigkeit des Gehirns, propriozeptive Informationen zu verarbeiten und zu integrieren.
- Sensibilisierung der Sensoren: Die Propriozeptoren in Muskeln, Gelenken und Sehnen können empfindlicher werden, sodass sie präzisere Informationen über die Position und Bewegung des Körpers an das Gehirn senden.
- kortikale Reorganisation: Es kann zu einer Umorganisation der somatosensorischen Kortizes kommen, die für die Verarbeitung von propriozeptiven Informationen zuständig sind. Dies bedeutet, Bereiche des Gehirns, die auf bestimmte Körperteile reagieren, vergrößern oder spezialisieren sich.
- bessere sensomotorische Integration: Das Gehirn verbessert seine Fähigkeit, sensorische Informationen mit motorischen Befehlen zu verknüpfen und zu koordinieren. Dies führt zu einer besseren Feinabstimmung der Bewegungen und einer erhöhten Körperkontrolle.
- erhöhte Aktivierung bestimmter Hirnregionen: Studien haben gezeigt, dass das Training der Propriozeption die Aktivität bestimmter Hirnregionen wie des Kleinhirns, des primären somatosensorischen Kortex und des parietalen Kortex erhöhen kann. Diese Regionen sind entscheidend für die Koordination und Integration von Bewegungen.
- verbesserte kortikale Kommunikation: Es kann auch zu einer besseren Kommunikation zwischen verschiedenen

Hirnarealen kommen, die an der propriozeptiven Verarbeitung beteiligt sind. Dadurch werden propriozeptive Informationen effizienter verarbeitet und genutzt.

Durch diese Anpassungen kann das Gehirn die propriozeptiven Fähigkeiten verbessern, und das führt zu einer besseren Körperwahrnehmung, Koordination und Kontrolle. Regelmäßiges Training der Propriozeption kann somit zu langfristigen Verbesserungen in der motorischen Leistung und dadurch zur Verletzungsprävention beitragen.

Allerdings ergeben sich Anpassung und Trainingserfolge nur dann, wenn die richtige Dosierung gefunden wird. Das Training darf also nicht unterfordernd, aber gleichzeitig auch nicht überfordernd sein. Außerdem dürfen die Reize nicht zu selten und auch nicht zu häufig einwirken.

Es ist also gar nicht so einfach, Training zu dosieren, insbesondere wenn es um Prozesse geht, die unser Nervensystem und unsere Lernprozesse in den Mittelpunkt stellen. Beim Ausdauertraining wissen wir, wie es durchgeführt werden soll und bei welcher Herzfrequenz wir optimalerweise unsere individuelle Belastung steuern. Gleiches gilt für das Muskeltraining, wo wir exakt wissen, dass wir zum Beispiel etwa 60 bis 80 Prozent unserer Maximalkraft benötigen bei 10 bis 15 Wiederholungen, um einen Muskelaufbau zu erreichen.

Für das sensomotorische und das propriozeptive Training sind diese Vorgaben bisher nur sehr unzureichend wissenschaftlich entwickelt worden. Wir wissen bis heute also gar nicht genau, wie intensiv und wie häufig wir das trainieren können. Bekannt ist nur, dass wir dem Körper dringend nach dem Training Zeit lassen müssen, um diese Reize zu verarbeiten. Etwa 72 bis circa 96 Stunden benötigt der Körper, bis er entsprechende Lernprozesse physiologisch verarbeitet und Anpassungen herbeigeführt hat. Daher können wir das Training der Sensomotorik maximal zwei- bis dreimal pro Woche durchführen.

In einer sehr schönen Übersichtsarbeit haben Dr. Torsten Pohl und Kollegen von der TU München 2015 zusammengestellt, was wir zur Trainingssteuerung in diesem Bereich darüber hinaus noch wissen:

- Dauer einer Einheit: Eine Trainingseinheit sollte mindestens 30 Minuten lang sein.
- Länge des Trainingszeitraums: Zwar ergeben sich erste Veränderungen laut Literatur bereits innerhalb der ersten Trainingseinheiten. Um die Effekte zu stabilisieren, sollte jedoch mindestens ein Trainingszeitraum von sechs bis zwölf Wochen vorgesehen werden. Interventionen, die kürzer waren, zeigten keinerlei überdauernde Effekte.
- Trainingshäufigkeit und -frequenz: Wenigstens zwei, maximal drei Einheiten pro Woche sollten es idealerweise sein.

Letztlich gilt es, die Trainingsinterventionen sehr individuell zu gestalten, denn je nach Zielsetzung in den verschiedenen Sportarten oder auch beispielsweise nach Verletzungen oder gar im Gesundheitssport ergeben sich völlig andere Anforderungen und Bedürfnisse.

Einer der wichtigsten Aspekte ist dabei die Qualität der Bewegung während des Trainings. Leidet sie aufgrund von Ermüdung oder Überlastung, ist das Training nicht mehr effektiv und sollte abgebrochen werden. Gleiches gilt auch für den Einstieg in eine Einzeltrainingseinheit. Wenn nach den vorherigen Belastungen keine optimale Regeneration stattgefunden hat, dann verzichtet man besser auf eine sensomotorische Einheit.

Deswegen hier mein Tipp für alle, die an der Technik ihres Golfschlags oder an Ähnlichem arbeiten: Viel hilft nicht immer viel! Bewegungsqualität braucht eine optimale Ausgangssituation, und das bedeutet maximale Konzentration, Aufmerksamkeit und keinerlei Ermüdungserscheinungen. Jeden Tag also auf die Driving Range zu gehen und auf den Ball zu dreschen, ist zwar nett, aber nutzlos.

SCHMERZ, DURST UND HUNGER:

DIE STIMMEN DES ÜBERLEBENS

Unser Körper verfügt über ein ausgeklügeltes Alarmsystem, das uns vor Gefahren warnt und unser Überleben sichert. Schmerz, Durst und Hunger sind grundlegende biologische Signale, die für das Überleben des Menschen essenziell sind und die uns daran erinnern, was wir zum Leben brauchen: Schutz, Flüssigkeit und Nahrung. Schmerz warnt vor Verletzungen oder Schäden, Durst signalisiert Flüssigkeitsmangel, und Hunger zeigt an, dass wir Energie benötigen. Doch in unserer modernen Welt, geprägt von Ablenkung, Zeitdruck und schnellen Lösungen, haben wir verlernt, diese Stimmen richtig wahrzunehmen. Wir ignorieren den Durst, bis Kopfschmerzen einsetzen, übergehen den Hunger mit hastigem Fast Food oder betäuben den Schmerz, ohne seiner Ursache nachzugehen. Dies kann langfristig Auswirkungen auf unsere Gesundheit und unser Wohlbefinden haben. Schauen wir uns an, welche Mechanismen hinter diesen Signalen stecken und warum es so wichtig ist, auf sie zu achten.

NOZIZEPTION –
die Stimmen des Schmerzes verstehen

Wie Sie bereits wissen, ist unser Körper immer bemüht, möglichst alle Prozesse im Gleichgewicht zu halten und jeglichen Schaden abzuwenden. Eine extrem wichtige Rolle spielt dabei die Nozizeption. Das ist die Aktivität der peripheren und zentralen Nervengruppen, die zu einer Schmerzempfindung führen kann, aber nicht muss. Die Nozizeptoren liefern dafür die notwendigen Informationen, und darum nenne ich sie gern Notfallrezeptoren. Ob jedoch ein Schmerz entsteht, entscheidet erst das Gehirn. – Das ist ein extrem wichtiger Punkt für den Umgang mit Schmerzen! – Deswegen ist es nicht korrekt, die Begriffe »Nozizeptoren« und »Schmerzsensoren« synonym zu benutzen. Tatsächlich gibt es gar keine Schmerzsensoren in unserem Organismus! Was es mit den Nozizeptoren auf sich hat und warum wir alle doch manchmal Schmerzen empfinden, schauen wir uns jetzt genauer an.

Nozizeptoren sind spezielle sensorische Nervenzellen, die auf potenziell schädliche Reize wie extreme Temperaturen, chemische Substanzen oder mechanische Verletzungen reagieren und diese Informationen an das zentrale Nervensystem weiterleiten. Sie werden in der Literatur häufig als »freie Nervenendigungen« bezeichnet, weil sie überall dort sind, wo es wichtig ist – oder wo wir es gerade als wichtig erachten. Tatsächlich können diese Sensoren dorthin wandern, wo wir gerade ein Problem haben. Bei Zahnschmerzen zum Beispiel wird das betroffene Gebiet im Mund umso empfindlicher, je mehr freie Nervenendigungen dorthin wandern. Diese Sensoren sind also »wanderfreudig« – mit allen Vor- und Nachteilen.

Eine freie Nervenendigung ist ein ungekapseltes Dendrit (= Zellfortsatz) eines sensorischen Neurons. Meist hat es zwei längere Ausläufer. Das eine Ende fungiert als Sensor, und das andere Ende führt direkt zum Rückenmark. Dort sind die Nozizeptoren mit Nervenzellen verschaltet, um Signale zum Gehirn zu senden.

Wie die Neurologen Prof. Robert Schmidt von der Universität Würzburg und Prof. Hans-Georg Schaible von der Universität Jena 2006 in ihrem Klassiker, dem Buch *Neuro- und Sinnesphysiologie*, beschreiben, können Nozizeptoren auf verschiedene Arten von Reizen spezialisiert sein:

- Mechanische Nozizeptoren reagieren auf Druck oder Dehnung.
- Thermische Nozizeptoren antworten auf extreme Temperaturen (Hitze oder Kälte).
- Chemische Nozizeptoren sprechen auf chemische Substanzen an, die bei Gewebeschädigung freigesetzt werden.
- Polymodale Nozizeptoren reagieren auf eine Kombination aus mechanischen, thermischen und chemischen Reizen und machen die größte Zahl dieser Sensoren aus.

Die genaue Anzahl der Nozizeptoren ist schwer zu bestimmen, denn sie sind in verschiedenen Geweben und je nach Körperregion unterschiedlich verteilt. Nozizeptoren sind im ganzen Körper weit verbreitet und kommen in nahezu allen Gewebetypen vor, einschließlich Haut, Muskeln, Gelenken und inneren Organen. Sie machen circa 80 Prozent der Gesamtmenge aller Sensoren aus und sind somit die häufigsten Sensoren. Ihre Dichte ist besonders hoch in der Haut und anderen oberflächennahen Geweben, damit wir auf schädliche Reize schnell reagieren können. Es gibt daher keine präzise Zählung, aber man kann sagen, dass der menschliche Körper Millionen von Nozizeptoren besitzt, die alle zusammenarbeiten, um den Schutz des Körpers vor Verletzungen und Schäden zu gewährleisten. So ist es klar, dass die Haut, die als äußerste Schutzschicht des Körpers besonders empfindlich auf potenziell schädliche Reize reagieren muss, die meisten Nozizeptoren enthält. Die hohe Dichte an Nozizeptoren in der Haut ermöglicht es, schnell und effektiv auf schädliche mechanische, thermische und chemische Reize zu reagieren, um den Körper vor Verletzungen zu schützen.

Neben der Haut kommen Nozizeptoren auch in hoher Dichte in anderen oberflächennahen Geweben vor wie Muskeln, und hier besonders in den Muskelspindeln und Sehnen, um mechanische Belastungen zu überwachen. Sie finden sich in den Gelenkkapseln und Bändern, um Überdehnungen und Verletzungen zu erkennen. So reagieren sie auf Zerrungen des Muskelgewebes, während eine normale Muskelkontraktion die Nozizeptoren nicht innerviert. Wird eine Muskelkontraktion jedoch unter Ischämie, also einer reduzierten Durchblutung, ausgeführt, dann reagieren die winzigen Sensoren. Das kennen Sportler gut, wenn sie Muskelaufbautraining betreiben und dabei die Muskulatur energetisch ausbelasten und die Muskeln richtig »blau« werden. Dann stellt sich während der Belastung meist schon eine deutliche Schmerzempfindung, das berühmt-berüchtigte »Brennen« ein, das aber direkt im Anschluss wieder verschwindet.

Anders sieht es aus, wenn Muskeln oder insbesondere Sehnen an ihren Ansätzen entzündet sind (Insertionstendopathie), wie wir es häufig bei einem Tennis- oder Golferellenbogen oder bei Läufern an der Achillessehne finden. Dann treten die sogenannten somatischen Tiefenschmerzen während und vor allem nach der Belastung auf: Sie werden von den Sportlern in der

Regel als ziehend, bohrend, brennend oder krampfartig empfunden und strahlen meist sogar in die Umgebung aus.

Nozizeptoren finden sich auch in den Schleimhäuten und Wänden der inneren Organe, um auf Entzündungen oder andere schädliche Zustände oder Veränderungen reagieren zu können. Im Nervengewebe des Gehirns sind sie nicht vorhanden, sodass unser Gehirn keine Schmerzen wahrnimmt.

Unsere Nozizeptoren stellen sich in der Regel nur langsam auf Reize ein und sind weniger empfindlich, insbesondere für abrupte und schnelle Veränderungen. Sie sind spezialisiert, vor allem mechanische und thermische Reize umzusetzen, registrieren aber auch chemische Stoffe, wie sie bei Verletzungen oder Entzündungen von Geweben freigesetzt werden. Botenstoffe oder Neurotransmitter wie Histamin, Serotonin oder Prostaglandin sind mögliche Signalträger für eine Reaktion von Nozizeptoren. Die Stoffe binden sich an ein Rezeptormolekül in der Membran und erhöhen damit dessen Empfindlichkeit oder lösen sogar direkt eigene Nervenimpulse aus. Angeregte Nozizeptoren können allerdings auch selbstständig Stoffe ausschütten, die die Impulse im Rückenmark sogar verstärken, Blutgefäße durchlässiger machen und Immunzellen herbeirufen.

Schmerz – eine Entscheidung des Gehirns

Im Rückenmark sind die Nozizeptoren mit motorischen Nervenfasern verschaltet, die eine schnelle Reflexantwort ermöglichen. Der Weg zum Gehirn führt weiter durch das Hinterhorn der grauen Substanz des Rückenmarks, dort kreuzen die Nervenfasern auf die Gegenseite und steigen als Vorderseitenstrang bis zum Gehirn hinauf. Sie durchziehen den Hirnstamm und werden vom Thalamus an verschiedene Hirnareale weitergeleitet, wo die Impulse ausgewertet werden. Ob also am Ausgangspunkt des Reizes in der Peripherie des Körpers tatsächlich ein Schmerz entsteht, entscheidet das Gehirn. Je nach Situation muss nämlich eine ursprünglich hohe Frequenz von Signalen dieser Sensoren nicht zu einer entsprechend starken Schmerzwahrnehmung überhaupt und grundsätzlich führen. Zu den adäquaten Reizen gehören eindeutig nur intensive mechanische Reize, wie Schneiden oder Kneifen, schädliche Hitze- oder Kältereize und auch eine Reihe von »giftigen« Chemikalien. Die Nozizeption ist also der sensorische Prozess, der unser ZNS informiert.

Nozizeption ist ohne Schmerz möglich! Schmerz jedoch ist niemals ohne Nozizeption möglich! Der Schmerz kann kommen und gehen! Es kann aber leider auch das Gegenteil geschehen. Ein quälender (chronischer) Schmerz kann fortbestehen, obgleich die Nozizeption gar keine entsprechenden Informationen darüber mehr liefert. Mehr als bei jedem anderen Wahrnehmungsprozess entscheidet das Gehirn bei der Nozizeption völlig selbstständig über Wohl und Wehe.

Ein typisches Beispiel dafür ist ein stiller Bandscheibenvorfall. Ich bin mir sehr sicher, dass auch einige von Ihnen, die dieses Buch gerade lesen, einen stillen Bandscheibenvorfall haben, ohne es zu merken oder zu wissen. Gerade im Bereich der Halswirbelsäule ist das nämlich gar nicht so selten. Obwohl es dabei zu einer deutlichen Veränderung der Anatomie und teilweise auch der Physiologie des Körpers gekommen ist und die Nozizeptoren mit Sicherheit im zentralen Nervensystem davon berichtet haben, bleiben Schmerzempfindungen aus. Denn ein Bandscheibenvorfall löst nicht per se Schmerzen aus, sondern nur dann, wenn es parallel zu einer gravierenden Druckbelastung von Nervengewebe kommt. Bleibt diese aus, dann entscheidet das Gehirn, dass der Vorfall nicht dramatisch ist, weil keine Nervenzellen Schaden nehmen können. Deswegen haben Sie keine Angst vor einem Bandscheibenvorfall: In vielen Fällen ist er völlig harmlos, auch wenn das MRT-Bild dramatisch aussieht. Erst wenn das Nervengewebe sich meldet, sollte gehandelt werden. Aber das erkennt man auf einem MRT-Bild nicht.

Wie Schmerz entsteht

Wir zucken innerlich schon leicht zusammen, wenn wir nur an Schmerz denken. Ein unangenehmes Gefühl, das niemand haben möchte. Dabei ist das Phänomen eine der wichtigsten Einrichtungen der Natur: Schmerz ist etwas Gutes, auch wenn Sie es zunächst nicht glauben wollen. Der Schmerz lehrt uns, gesundheitsgefährdende Situationen zu meiden, und löst bei schädlichen Reizen sofort sinnvolle Rückzugsreflexe aus. Er ermahnt uns dazu, ein verletztes oder operiertes Körperteil zu schonen. Für den gesunden Körper ist Schmerz ein Warnsignal, das die Gefahr einer Schädigung anzeigt. Über diese warnende Stimme Ihres Organismus einfach hinwegzugehen, wie wir alle es im Alltag manchmal tun, ist auf Dauer keine gute Idee und zieht oft stärkere Schmerzen nach sich. Stattdessen sollten Sie Schmerz als Alarmanlage verstehen (siehe unten).

Schmerz ist lebensnotwendig! Das sehen Sie an Menschen, die von Geburt an keinen Schmerz empfinden können, wie zum Beispiel beim seltenen CIPA-Syndrom. Diese Personen sind ständig in Gefahr, sich selbst zu zerstören, weil sie Schädigungen ihres Körpers gar nicht bemerken. Die Betroffenen ziehen sich von Kindheit an starke Verbrennungen und Verletzungen wie Brüche zu, die sie meist gar nicht beachten, weil sie sich nicht so schlimm schmerzhaft anfühlen wie für uns. Deshalb verheilt das Ganze schlecht und zieht häufig gravierende Konsequenzen nach sich. Diese Menschen sterben daher auch deutlich früher.

Dahinter steckt als Ursache vermutlich ein geringeres Wachstum und eine niedrigere Aktivität der Nozizeptoren, die uns normalerweise im Alltag signalisieren, dass eine bestimmte Bewegung oder eine länger eingenommene Haltung den Körper zu sehr beansprucht und nachhaltig schädigen könnte. Während des Schlafens sorgen die Nozizeptoren sogar dafür, dass wir uns rechtzeitig drehen oder eine andere Position einnehmen, um Verspannungen der Muskeln, Quetschungen von Nervengewebe, Durchblutungsstörungen oder Wundliegen zu vermeiden. Ein Leben ganz ohne Schmerz ist also lebensbedrohlich!

Schmerz entsteht durch einen sehr komplexen Prozess, der immer in mehreren Schritten abläuft:

1. Erkennung durch Nozizeptoren: Die Nozizeptoren nehmen potenziell schädliche Reize wie extreme Temperaturen, mechanische Verletzungen oder chemische Substanzen wahr.
2. Signalübertragung: Sobald Nozizeptoren aktiviert werden, wandeln sie den schädlichen Reiz in elektrische Impulse um. Diese Impulse wandern entlang der A-Delta- und C-Fasern zu den sensorischen Neuronen im Rückenmark. Die A-Delta-Fasern leiten die Impulse schneller weiter, sodass wir einen scharfen, akuten Schmerz innerhalb von Millisekunden bis zu einer Sekunde nach dem Reiz wahrnehmen. Die C-Fasern leiten die Impulse langsamer, so-

dass der anhaltende, dumpfe Schmerz erst nach einigen Sekunden spürbar wird.

3. Weiterleitung im Rückenmark: Im Rückenmark werden die Signale verarbeitet und über spezialisierte Nervenbahnen (spinothalamische Bahnen) zum Gehirn weitergeleitet.
4. Verarbeitung im Gehirn: Im Gehirn erreichen die Schmerzsignale verschiedene Bereiche, darunter den Thalamus. Er fungiert als übergeordnete Schaltzentrale und leitet die Signale an die entsprechenden Regionen des Gehirns weiter. Im somatosensorischen Kortex werden der genaue Ort und die Intensität des Schmerzes bestimmt. Das limbische System ist für die emotionale Reaktion auf den Schmerz verantwortlich. Dort wird also entschieden, wie wir mit dem Schmerz emotional umgehen. Im präfrontalen Kortex findet die kognitive Bewertung des Schmerzes statt.

Der Schmerz wird also erst im Gehirn als solcher wahrgenommen, nachdem die Signale von den Nozizeptoren über das Rückenmark dorthin gelangt sind. Dies bedeutet, dass Schmerz immer eine subjektive, bewusste Erfahrung ist, die nicht allein nur durch die physische Schädigung, sondern auch durch emotionale und kognitive Faktoren beeinflusst wird.

Die Geschwindigkeit, mit der sich Schmerz entwickelt, kann abhängig von den beteiligten Nervenfasern in zwei Hauptphasen unterteilt werden. Der schnelle und akute »erste« Schmerz, wenn Sie zum Beispiel auf einen spitzen Gegenstand treten oder wenn der Gegenspieler im Fußball mein Schienbein trifft, wird über myelinisierte Nervenfasern (A-Delta-Fasern) schnell mit einer Geschwindigkeit von 5 bis 30 Metern pro Sekunde weitergeleitet. Dies führt zu einer sofortigen, scharfen, gut lokalisierbaren Schmerzempfindung. Dieser Schmerz wird oft als erste Schmerzphase bezeichnet und ist die unmittelbare Reaktion auf einen schädlichen Reiz wie einen Tritt, einen Schnitt oder einen Stich.

Die unmyelinisierten Nervenfasern (C-Fasern) leiten Schmerzsignale langsamer weiter, etwa mit einer Geschwindigkeit von 0,5 bis 2 Metern pro Sekunde. Dies führt zu einem dumpfen, brennenden oder pochenden Schmerz, der weniger gut lokalisiert ist. Dieser »zweite« Schmerz tritt nach dem schnellen, akuten Schmerz auf und hält meist länger an. Insgesamt kann die Wahrnehmung von Schmerz sehr schnell erfolgen, oft innerhalb von Bruchteilen einer Sekunde nach dem schädlichen Reiz. Die schnelle Leitung durch die A-Delta-Fasern ermöglicht eine unmittelbare Reaktion, um weiteren Schaden abzuwenden. Die langsamere Leitung durch die C-Fasern erzeugt eine anhaltende Schmerzempfindung, damit die betroffene Region geschont und dadurch die Heilung gefördert wird.

Schmerzen – unsere Alarmanlage

Schmerzen als wichtige Komponente unserer Biologie und unseres Lebens haben vor allem eine Aufgabe: uns zu warnen und uns dadurch vor schlimmeren Schäden zu bewahren. Dabei können wir verschiedene Schmerzqualitäten unterscheiden: Belastungsschmerz, Alarmschmerz, Schädigungsschmerz. Wenn Sie die drei Stufen dieses Warnsystems kennen, können Sie entsprechend darauf reagieren und damit Ihre Gesundheit erhalten oder wiederherstellen. Schließlich liegt dem Schmerz meist (noch) keine geschädigte Struktur zugrunde. Der Organismus reagiert nämlich deutlich früher, bevor etwas kaputtgegangen ist.

Muskelkater ist ein typischer Belastungsschmerz. Er weist uns nur darauf hin, dass wir ein wenig Ruhe brauchen und eine Pause machen sollten. Das spüren Sie beispielsweise, wenn Sie in den Bergen unterwegs waren und dann am anderen Morgen mit schweren und müden Beinen aufstehen.

Der typische Rückenschmerz dagegen, den Ärzte häufig als diffusen Rückenschmerz bezeichnen, ist eher ein Alarmschmerz. »Diffus« wird etwas immer dann genannt, wenn keine klare Ursache zu erkennen und keine Diagnose zu finden ist. Etwa 90 Prozent aller Rückenschmerzen haben keine klare Ursache. Sie entstehen vielmehr durch eine Verkettung von Veränderungen, wie eine Verklebung von Faszien, eine Unterversorgung mit Nährstoffen der Muskulatur oder eine Abschwächung der sichernden Bänder. Alles Ursachen, die sich beheben lassen, denn sie resultieren in der Regel aus Bewegungsarmut und Inaktivität. Bei einem diffusen Schmerz ist noch nichts defekt, doch die Funktionalität ist beeinträchtigt und gestört. Wir haben es aber selbst in der Hand, diese Beeinträchtigungen komplett wieder verschwinden zu lassen.

Beim Schädigungsschmerz dagegen liegt ein Defekt vor, wie der Bruch eines Knochens, der Riss eines Bandes oder einer Sehne oder eine Zerrung der Muskulatur. Dieser Schmerz tritt in der Regel meist akut und unverhofft durch einen Unfall oder eine Verletzung auf.

Der Alarmschmerz ist der am weitesten verbreitete Schmerz und wird in erster Linie durch den eigenen Lebensstil verursacht. Deswegen verschwindet er auch wieder durch eine einfache Verhaltensänderung. Die gute Nachricht lautet also: Schmerzen kommen in mehr als 90 Prozent der Fälle ohne organische Problematik daher! Sie warnen uns nur vor einer dauerhaften und nachhaltigen Schädigung, die eintreten wird, wenn wir so weitermachen.

Chronifizierung – wenn der Schmerz kein Ende findet

Beim Wort Schmerz denken Sie sicher auch vor allem an einen organischen Schmerz, der aus Verletzungen, Fehlhaltungen, Erkrankungen, Entzündungen, Unfällen, Insektenstichen und Ähnlichem hervorgeht und mit Gewebeveränderungen einhergeht. Das Gehirn beschließt dann, dass Körpergewebe in Gefahr ist und etwas dagegen unternommen werden muss, einschließlich sämtlicher heilungsfördernder Maßnahmen.

Schmerz ist aber viel komplexer und beschränkt sich keinesfalls nur darauf. Denken Sie nur daran, dass der Begriff »Schmerz« häufig auch in Zusammenhang mit Einsamkeit, Isolation, Trauer oder sogar in Verbindung mit einer gerade verflossenen Liebe in Verbindung gebracht wird. Auch diese Schmerzen sind genauso schwer zu ertragen wie etwa Rückenschmerzen. Dieser emotionale Schmerz macht klar, dass bei allen Schmerzempfindungen unsere Gedanken und Gefühle eine große Rolle spielen.

Gerade bei Schmerzen, die lange anhalten, sich immer weiter ausbreiten oder unverhofft und unberechenbar auftreten, müssen wir immer mitdenken, dass unsere Gefühlswelt und unsere Gedanken mitspielen. Das wird vor allem dann bedeutsam, wenn Schmerzen dauerhaft bleiben und sich »chronifizieren«, wie es besonders häufig beim Rückenschmerz passiert. Deswegen unterscheiden wir in der Medizin auch den »akuten« Schmerz vom »chronischen« Schmerz:

- Der akute Schmerz tritt in der Regel plötzlich auf und ist ein Warnsignal des Körpers, dass etwas nicht in Ordnung ist. Er hat also eine klare Ursache wie eine Verletzung oder Operation und ist zeitlich begrenzt. Er dauert weniger als drei Monate und klingt ab, sobald die zugrunde liegende Ursache behandelt oder geheilt ist. Beispiele sind ein verstauchter Knöchel, Zahnschmerzen oder eine Schnittwunde.
- Chronischer Schmerz hält dagegen über einen längeren Zeitraum – manchmal jahrelang – an und oft auch dann, wenn die ursprüngliche Verletzung oder Ursache bereits abgeklungen ist. Der Schmerz kann durch dauerhafte Schädigungen, Entzündungen oder Funktionsstörungen ausgelöst werden, bleibt jedoch oft auch bestehen, wenn keine eindeutige Ursache mehr erkennbar ist. Wenn ein Schmerz über einen Zeitraum von mehr als drei Monaten täglich anhält und dann dauerhaft oder wiederkehrend ist, bezeichnen wir ihn als chronischen Schmerz. Beispiele hierfür sind der chronische Rückenschmerz oder Migräne.

Chronischer Schmerz erfordert oft eine langfristige Behandlung und ein multidisziplinäres Management, also die Zusammenarbeit verschiedener medizinischer Spezialisten, weil die Ursache häufig nicht mehr organisch ist. Therapeutische Ansätze müssen dann multimodal angelegt werden, also mehrere Methoden zu einer ganzheitlichen Behandlung kombinieren und besonders auch Inhalte aus der Psychotherapie und der Verhaltenstherapie als wesentlichen Bestandteil integrieren. Die Deutsche Gesellschaft für Schmerzmedizin e.V. schätzt aktuell, dass, bei einer hohen Dunkelziffer, circa 22 Millionen Erwachsene unter chronischen Schmerzen leiden. Die häufigste Ursache sind chronische Schmerzen im Bereich des Rückens. Von den jährlich in Deutschland von Rückenschmerzen betroffenen rund 20 Millionen Menschen ist ein erheblicher Teil durch chronische Beschwerden gekennzeichnet. Frauen sind deutlich stärker betroffen als Männer.

Chronische Schmerzen führen aber nicht nur zu körperlichen Symptomen, sondern auch zu tiefgreifenden Veränderungen im Gehirn. Im Gehirn geschehen dann Prozesse, die den Schmerz langfristig verstärken und verändern. Wie schon erwähnt, besitzt das Gehirn die Fähigkeit, sich durch ständige Wiederholung von Reizen anzupassen – dies wird als Neuroplastizität bezeichnet. Bei chronischem Schmerz führt dies jedoch zu einer Fehlanpassung, denn immer wiederkehrende Schmerzerfahrungen führen dazu, dass das Gehirn die Schmerzreize schneller und intensiver verarbeitet. Die Nervenzellen, die für die Schmerzverarbeitung verantwortlich sind, werden sensibler und verstärken die Schmerzwahrnehmung. Diesen Teufelskreis nennt man »zentrale Sensibilisierung«: Regionen des Gehirns, die normalerweise an der Schmerzbewältigung beteiligt sind, wie der somatosensorische Kortex oder das limbische System, werden dauerhaft aktiviert und verstärken den Schmerz, selbst wenn der ursprüngliche Auslöser schon lange abgeklungen ist.

Das ist aber längst nicht alles: Zusätzlich kommt es zu einer Störung und Dysfunktion des schmerzmodulierenden Systems. Das Gehirn verfügt nämlich über ein System, das Schmerzsignale hemmt und reguliert. Doch chronische Schmerzen stören dieses System nachhaltig. Die Mechanismen, die verhindern, dass Schmerzen übermäßig intensiv werden, funktionieren dann nicht mehr einwandfrei, und der Schmerz wird weniger gut reguliert. Die Nervenbahnen, die Schmerzsignale an das Gehirn weiterleiten, werden überaktiv. Diese ständige Aktivierung führt dazu, dass der Schmerz immer wieder gespürt wird, auch ohne akuten Auslöser.

Die bekannten australischen Schmerzforscher Profs. David Butler und Lorimer Moseley beschreiben in ihrem Buch *Schmerzen verstehen* sehr differenziert und spannend die neurophysiologischen Prozesse, die hinter dieser Chronifizierung liegen. Grundsätzlich ist die erhöhte Alarmbereitschaft des Nervensystems das Hauptmerkmal. Die Schmerzen sind normal, aber die Prozesse, die dahinterstecken, haben sich verändert. Es ist so, als wäre der Verstärker einer Stereoanlage immer vollständig aufgedreht. Oder als hätten Sie einen Rennwagen-Motor in Ihren Kleinwagen eingebaut, sodass Sie eine leichte Berührung des Gaspedals sofort auf Raketengeschwindigkeit bringt.

Chronischer Schmerz betrifft aber nicht nur die schmerzverarbeitenden Zentren, sondern auch jene Bereiche, die mit Emotionen und Gedanken verbunden sind. Schmerz wird oft intensiver wahrgenommen, weil er stark mit negativen Emotionen wie Angst oder Stress verbunden wird. Auch den präfrontalen Kortex, der für kognitive Funktionen wie Aufmerksamkeit und Entscheidungsfindung zuständig ist, können chronische Schmerzen beeinträchtigen. Betroffene haben häufig Schwierigkeiten, sich zu konzentrieren oder klar zu denken. Ein Teil ihrer Aufmerksamkeit ist immer auf den Schmerz gerichtet.

Das Gehirn entwickelt durch chronische Schmerzen ein sogenanntes Schmerzgedächtnis, bei dem Schmerzen auch ohne offensichtliche Reize empfunden werden. Dieses Schmerzgedächtnis wird durch psychologische Faktoren wie Angst vor Schmerzen, Stress oder negative Erwartungen verstärkt. Je länger der Schmerz anhält, desto tiefer werden diese Erinnerungen in das Gehirn eingeprägt.

Untersuchungen haben außerdem gezeigt, dass bei Menschen mit chronischen Schmerzen sogar die graue Substanz des Gehirns verändert ist, insbesondere in Bereichen, die mit der Schmerzverarbeitung, dem emotionalen Erleben und der Selbstregulation zu tun haben. Dies kann zu einer Art »Schrumpfung« oder Atrophie in diesen Bereichen führen, was die Schmerzwahrnehmung und -bewältigung weiter verschlechtert. Wichtig ist aber auch zu wissen, dass die Veränderungen nicht nur das Gehirn betreffen, sondern auch das sympathische und parasympathische, das endokrine und sogar das immunologische System.

Weniger Schmerzen durch Testosteron

Zahlreiche wissenschaftliche Studien haben belegt, dass Frauen schmerzempfindlicher sind als Männer und auch sehr viel häufiger an chronischen Schmerzen leiden. Zudem können Frauen viel besser zwischen verschiedenen Schmerzintensitäten unterscheiden und sind ebenfalls deutlich schneller als Männer bereit, Schmerzen zuzugeben.

Der kanadische Schmerzforscher Prof. Jeffrey Mogil von der McGill University in Montreal untersuchte die Geschlechter genau zu diesem Themenkomplex und fand heraus, dass es einige Faktoren gibt, die unsere Schmerzempfindung beeinflussen. Das sind zunächst unsere Gene, dann psychische Faktoren wie zum Beispiel Depressionen und vor allem auch unsere Sexualhormone. Dabei spielt Testosteron eine wichtige Rolle. Es wird immer als Männlichkeitshormon bezeichnet. Das ist aber nicht korrekt, denn auch im weiblichen Körper spielt Testosteron bei vielen biologischen Prozessen eine Rolle.

Mogil ist einer der Pioniere der Schmerzforschung, weil er schon sehr früh im Labor sowohl mit männlichen als auch mit weiblichen Mäusen forschte und bereits 2015 den Prozess der Entwicklung von chronischen Schmerzen herausarbeitete. Dabei konnte er nachweisen, dass die Schmerzempfindung bei den Mäusegeschlechtern über verschiedene Zelltypen läuft. Die Mäuse konnten diese sogenannten Schmerzrouten sogar wechseln, und dabei spielte immer die Menge des Testosterons im Organismus eine Rolle. Viel Testosteron führt zu einer anderen Schmerzroute als wenig Testosteron. Die Schmerzroute wurde auch gewechselt, wenn Mäuse kurz vor der Geburt standen. So wurden sie unempfindlicher gegenüber den dabei auftretenden Schmerzen.

Aktuell ist noch nicht klar, ob solche Schmerzrouten auch bei Menschen vorkommen. Die Wahrscheinlichkeit ist aber hoch, dass Männer und Frauen Schmerzen auf unterschiedliche Weise verarbeiten. Die Forschergruppe fand außerdem heraus, dass Transgender-Personen, deren Körper sich durch eine Hormonbehandlung von weiblich zu männlich umwandelte, deutlich weniger Schmerzen nach der Einnahme von Testosteron empfanden. Ein ähnliches Bild ergibt sich, wenn man die Hormonspiegel im Verlauf des Lebens betrachtet. Vor allem in der Pubertät leiden Mädchen häufiger unter Schmerzzuständen als Jungen. Erst nach den Wechseljahren mit der großen hormonellen Umstellung bei den Frauen verschwinden die geschlechtsspezifischen Unterschiede, insbesondere bei den chronischen Schmerzen. Hier gilt es, weiter zu forschen und speziell auch die Schmerzmedikation differenzierter an die Geschlechter sowie die verschiedenen Altersgruppen anzupassen.

Testosteron beeinflusst die Aktivität von Neurotransmittern im Gehirn, insbesondere von Endorphinen. Letztere sind körpereigene Schmerzmittel, die an Opiatrezeptoren binden und unser Schmerzempfinden verringern. Höhere Testosteronspiegel fördern die Produktion von Endorphinen, und auch das kann zu einer geringeren Schmerzempfindlichkeit führen.

Testosteron hat außerdem direkte entzündungshemmende Eigenschaften. Es moduliert das Immunsystem, indem es die Produktion von entzündungsfördernden Zytokinen (wie TNF-α) hemmt. (Zytokine sind Botenstoffe des Immunsystems.) Da Entzündungen oft Schmerzen verursachen, kann eine Verringerung der Entzündungsreaktion durch Testosteron die Schmerzempfindung reduzieren.

Mehr Testosteron durch Training

Training, insbesondere intensives Kraft- oder Ausdauertraining, kann den Testosteronspiegel sowohl bei Männern als auch bei Frauen erhöhen und damit auch direkt zu einer Verringerung des Schmerzempfindens beitragen.

Besonders Muskeltraining mit (hohen) Gewichten und niedrigen Wiederholungszahlen stimuliert die Ausschüttung von Testosteron akut um etwa 15 bis 30 Prozent. Dieser Anstieg tritt bereits 15 bis 30 Minuten nach dem Training auf und hält etwa ein bis zwei Stunden an.

Langfristig jedoch führt regelmäßiges Training zu einer ständigen Erhöhung des Testosteronspiegels um etwa 5 bis 10 Prozent. Dies liegt daran, dass unser Körper auf intensives Muskeltraining mit einer verstärkten Freisetzung von Hormonen reagiert, um diesen Stress zu bewältigen und das Muskelwachstum zu fördern.

Auch hochintensives Intervalltraining (HIT, etwa Sprints oder Zirkeltraining) hat sich als effektiv erwiesen, um den Testosteronspiegel akut um rund 30 Prozent zu steigern. Die Kombination aus kurzen, extrem intensiven Belastungen und Pausen aktiviert die Testosteronproduktion besonders stark.

Wie stark sich der Testosteronspiegel durch Training erhöht, variiert aber sehr und hängt von verschiedenen Faktoren wie Trainingsintensität, Dauer, Art des Trainings, Alter, Geschlecht und individueller Fitness ab. Um die Testosteronausschüttung zu unterstützen, reicht Training allein aber nicht aus: Ausreichende Erholung und Schlaf sind entscheidend. Zu wenig Schlaf oder Übertraining können den Testosteronspiegel sogar senken, denn Stress wirkt sich massiv auf den Testosteronspiegel aus.

Wichtig zu wissen ist in diesem Zusammenhang: Ein niedriger Körperfettanteil geht einher mit höheren Testosteronspiegeln. Fettgewebe kann das Enzym Aromatase produzieren, das Testosteron in Östrogen umwandelt. Durch Training und eine Verringerung des Körperfetts kann der Testosteronspiegel also stabil gehalten oder erhöht werden.

Schmerzmodulation und Hyperalgesie – komplexe Mechanismen der Schmerzwahrnehmung

Wie komplex das Phänomen Schmerz ist, zeigt sich daran, dass ein Schmerzempfinden manchmal völlig unabhängig ist vom Aktivitätslevel der Nozizeptoren. Selbst bei einem intensiven Erregungsniveau der Sensoren nach einer schweren Verletzung spüren wir manchmal kaum oder gar keine Schmerzen. Schockereignisse können dann zu einer deutlichen Blockierung der akuten Schmerzempfindung führen, sodass wir handlungsfähig bleiben und vielleicht noch anderen Menschen helfen können.

Bei diesem Phänomen, das Top-down-Kontrolle genannt wird, sind verschiedene Gehirnregionen mit der Schmerzunterdrückung verknüpft. Entscheidend ist, dass genau jene Bereiche aktiviert sind, die für die Übermittlung von Signalen des emotionalen Status verantwortlich sind und die absteigend zum Rückenmark die nozizeptiven Neuronen hemmen und somit die Schmerzempfindung darüber nahezu komplett blockieren. Starker Stress blockiert unsere Schmerzempfindung und setzt damit sogar unser eigenes Schutzsystem außer Kraft.

Bereits 1965 stellten die beiden Forscher Profs. Ronald Melzack und Patrick D. Wall, die damals gemeinsam am MIT (Massachusetts Institute of Technology, Cambridge in Massachusetts) gearbeitet hatten, die sogenannte »Gate-Control-Theory« auf. Diese Theorie besagt, dass bestimmte Neurone sowohl durch sensorische Axone mit einem großen Durchmesser als auch durch nicht myelinisierte Axone angeregt werden. Die Ausgangsneurone werden aber gleichzeitig auch durch Interneurone in ihrer Aktivität beeinflusst. In einem sehr komplexen Zusammenspiel führt dies im Ergebnis dazu, dass die dicken Axone ununterbrochen feuern, damit die Interneurone aktivieren und so die nozizeptiven Signale zentral unterdrücken. Wir nennen diesen Prozess die »afferente Kontrolle« (Bottom-up-Kontrolle), die letztlich zu einer geringen Schmerzempfindung führt.

Es kann aber ebenso genau andersherum verlaufen. Vielleicht haben Sie auch Hautregionen, Sehnen, Muskeln oder Gelenke, die besonders sensibel sind und schon auf leichte Reize schmerzhaft reagieren. Meist sind es jene Bereiche, die bereits eine intensive Schmerzempfindung hinter sich haben, zum Beispiel durch eine starke Entzündung oder eine Operation. Bei Läufern ist es häufig die Achillessehne, bei Computerarbeitenden sind es die Sehnen im Bereich der Schulter, am Ellbogen oder Handgelenk. Dieses Phänomen wird in der Wissenschaft »Hyperalgesie« genannt. Man spricht von einer primären Hyperalgesie, wenn sich die Schmerzempfindung auf die geschädigte

Geweberegion beschränkt, und von einer sekundären Hyperalgesie, wenn auch das umliegende, nicht direkt betroffene Gewebe in die Empfindung einbezogen wird.

An der Entwicklung und Ausprägung einer Hyperalgesie sind unterschiedliche Mechanismen beteiligt. Einige davon wirken direkt innerhalb oder auch in der Umgebung der peripheren Sensoren, und andere wirken innerhalb des zentralen Nervensystems. So können die chemischen Stoffe, die sich bei einer Gewebeschädigung entwickeln, die Erregbarkeit der Nozizeptoren verändern, sodass diese empfindlicher auf mechanische oder auf thermische Reize reagieren. Im zentralen Nervensystem kann zusätzlich eine stärkere Aktivierung der mechanosensorischen Axone eine höhere und intensivere Schmerzwahrnehmung und damit eine sekundäre Hyperalgesie auslösen.

Die therapeutischen Maßnahmen müssen in solchen Fällen sehr individuell und vielfältig abgestimmt werden, weil die rein naturwissenschaftliche Betrachtung wie bei einer Gewebebeschädigung bei dieser Problematik nicht mehr ausreicht und weitere ergänzende verhaltens- und psychotherapeutische Maßnahmen notwendig macht.

Wenn ein Körperteil fehlt: Phantomschmerz

Phantomschmerzen sind ein komplexes und multifaktorielles Phänomen, bei dem neurobiologische, psychologische und soziale Faktoren eine Rolle spielen. Trotz des fehlenden Körperteils erzeugt das Gehirn weiterhin Schmerzempfindungen, was die Behandlung und das Verständnis dieses Zustands zu einer Herausforderung macht. Beim Phantomschmerz empfindet jemand Schmerzen in einem Körperteil, der nicht mehr existiert, meist nach einer Amputation. Diese Schmerzen können sehr real und intensiv sein, obwohl es sie gar nicht geben dürfte. Die Ursachen des Phantomschmerzes konnten bisher nicht wissenschaftlich geklärt werden, aber es gibt unterschiedliche Vermutungen:

- Das Gehirn besitzt eine Landkarte des Körpers (Homunkulus, siehe Seite 102 bis 103), den sogenannten somatosensorischen Kortex, in der jede Körperregion repräsentiert ist. Nach einer Amputation bleibt die Repräsentation des amputierten Körperteils im Gehirn zunächst noch länger bestehen. Dieser Bereich kann daher weiterhin aktiviert werden und erzeugt das Gefühl, als wäre der Körperteil noch vorhanden. Wenn diese Aktivierung Schmerzsignale hervorruft, entsteht der Phantomschmerz. Unterstützt wird diese Theorie auch dadurch, dass es nach einer Amputation zu neuronalen Veränderungen im Rückenmark kommt. Dadurch entstehen »übererregbare« (hypersensible) Neuronen, die intensive nozizeptive Informationen senden, obwohl gar kein entsprechender Reiz aus der amputierten Gliedmaße existiert.
- Bei einer Amputation werden die Nerven durchtrennt, die zuvor das amputierte Glied innerviert haben. Nerven werden also direkt beschädigt. Die Nervenenden können dann Wucherungen (Neurome) bilden, die empfindlich auf mechanische Reize reagieren und Signale zum Gehirn senden, obwohl der entsprechende Körperteil nicht mehr vorhanden ist.
- Nach einer Amputation reorganisiert das Gehirn die neuronalen Netzwerke, um die verlorene Funktion des amputierten Körperteils zu kompensieren. Diese Neuroplastizität

kann jedoch dazu führen, dass benachbarte Bereiche im Gehirn die Kontrolle über die Region übernehmen, die zuvor den amputierten Körperteil repräsentierten, und das kann Phantomschmerzen verursachen.

- Manche Theorien schlagen vor, dass Phantomschmerzen auch eine Form von »Erinnerungsschmerz« sein könnten. Das Gehirn erinnert sich an den Schmerz, der vor der Amputation im betroffenen Körperteil empfunden wurde, und reproduziert dieses Gefühl, auch wenn der Bereich physisch nicht mehr da ist. Stress, Angst und Depression können Phantomschmerzen zusätzlich verstärken. Der Verlust eines Körperteils ist oft mit starken emotionalen Belastungen verbunden, die das Schmerzempfinden subjektiv beeinflussen können.

Aufgrund der vielen unterschiedlichen Theorien und der immer noch unklaren Ursache ist die Behandlung von Phantomschmerzen sehr komplex und kann verschiedene Ansätze umfassen. Die wichtigste Methode ist bisher die medikamentöse Therapie mit Schmerzmitteln, Antidepressiva, Antiepileptika und anderen Medikamenten, die zur akuten Linderung von Phantomschmerzen eingesetzt werden können. Im Rahmen der Physiotherapie setzt man oft die Spiegeltherapie ein. Dabei wird ein Spiegel so positioniert, dass der Patient die intakte Gliedmaße sieht, als wäre es die amputierte. Diese visuelle Täuschung kann helfen, das Gehirn zu »überlisten« und die Phantomschmerzen zu verringern.

Ergänzend setzt man in diesem Rahmen elektronische Techniken wie die transkutane elektrische Nervenstimulation (TENS) oder die Rückenmarkstimulation ein, die in manchen Fällen hilft. Zudem gilt es, die ganz normale Schmerztherapie, kognitive Verhaltenstherapie und andere psychologische Interventionen anzuwenden, in denen die Betroffenen lernen, mit den emotionalen und psychischen Aspekten der Phantomschmerzen umzugehen.

Mit Sport und Bewegung gegen den Schmerz

Körperliche Aktivität und Sport können durch verschiedene physiologische und biochemische Mechanismen Schmerzen lindern. Das ist längst wissenschaftlich nachgewiesen. Besonders die Wirkung von Bewegung auf das Immunsystem und die damit verbundene Verringerung von Entzündungsreaktionen beeinflusst die Schmerzentstehung sowie die Schmerzempfindung eindeutig positiv.

So werden während körperlicher Aktivität und Sport, insbesondere bei intensivem Training, Endorphine freigesetzt, die sogenannten Glückshormone. Diese körpereigenen »Opiate« binden an Opiatrezeptoren im Gehirn und wirken ähnlich wie Schmerzmittel, indem sie die Schmerzwahrnehmung blockieren. Endorphine führen auch zu einem allgemeinen Gefühl des Wohlbefindens und wirken daher schmerzlindernd und stimmungsaufhellend. Zusätzlich wird auch die Produktion von Endocannabinoiden angeregt. Diese körpereigenen Substanzen wirken über das Endocannabinoid-System, das an der Schmerzregulation und der Entzündungshemmung beteiligt ist. Sie verbessern die Stimmung und mindern gleichzeitig das Schmerzempfinden.

Körperliche Aktivität fördert natürlich die Durchblutung und den Transport von Nährstoffen und Sauerstoff in die Muskeln und Gelenke. Dies beschleunigt den Heilungsprozess, weil

Stoffwechselrückstände schneller abgebaut werden, die durch Schmerzen und Entzündungen entstanden sind. Die verbesserte Blutzirkulation hilft auch, Muskelverspannungen und Schmerzen durch Sauerstoffmangel oder eine schlechte Versorgung mit Nährstoffen gerade zum Beispiel im Schulter- und Nackenbereich zu verringern.

Regelmäßiges Training kann das zentrale Nervensystem auf eine Weise modulieren, dass sich dadurch sogar das Schmerzgedächtnis, die oben erwähnte zentrale Sensibilisierung, verändert. Chronische Schmerzen entstehen oft durch eine Überempfindlichkeit des Nervensystems. Bewegung wirkt dem entgegen, indem sie die Schmerzschwelle erhöht und die Empfindlichkeit für Schmerzreize senkt. So wird durch regelmäßige Bewegung auch das Nervensystem trainiert, Schmerzen weniger intensiv wahrzunehmen. In der Schmerztherapie wird diese sogenannte Neuromodulation gezielt eingesetzt.

Einer der wichtigsten Mechanismen für die Schmerzlinderung ist sicher, dass Bewegung das Auftreten von Entzündungen deutlich reduziert. Mein Kollege Prof. Wilhelm Bloch von der Deutschen Sporthochschule Köln forscht seit vielen Jahren auf dem Gebiet, wie sich Muskelaktivität auf das Immunsystem auswirkt: Besonders regelmäßiges, intensives Training wirkt entzündungshemmend, und das ist in erster Linie auf eine Verringerung von entzündungsfördernden Zytokinen zurückzuführen. Körperliche Aktivität senkt nämlich die Konzentration von entzündungsfördernden Zytokinen (wie TNF-α, IL-6), die in chronischen Entzündungsprozessen eine Rolle spielen. Gleichzeitig werden entzündungshemmende Moleküle freigesetzt.

Parallel fördert körperliche Aktivität den Abbau von Körperfettgewebe – und das reduziert indirekt Schmerzen: Fettgewebe produziert entzündungsfördernde Substanzen, die sogenannten Adipokine. Dies sind enzymähnliche Botenstoffe, die im Organismus für die Entstehung von Entzündungen verantwortlich gemacht werden. Bewegung hilft dabei, den Körperfettanteil zu verringern, sodass weniger entzündungsfördernde Moleküle freigesetzt werden.

Zusätzlich setzen aktive Muskeln die »Feinde« der Adipokine vermehrt frei, die Myokine. Diese haben entzündungshemmende Eigenschaften und helfen, entzündliche Prozesse zu regulieren. Besonders das Myokin IL-6 wirkt entzündungshemmend, wie die bekannte Wissenschaftlerin Prof. Bente Petersen aus Kopenhagen beschreibt, und fördert damit den Heilungsprozess von beschädigtem Gewebe.

Vielleicht erscheint Ihnen der Gedanke abwegig oder gar kontraproduktiv, bei Schmerzen auch noch sportlich aktiv zu werden und bewusst in den Schmerz hineinzugehen. Tatsächlich ist das gerade am Anfang oft nicht angenehm. Aber die positiven Ergebnisse sprechen für sich. So konnten beispielsweise schon viele Patienten auf eine Knieoperation und ein künstliches Gelenk verzichten, weil sie mit gezielten Übungen und Geduld ihre körperlichen Beeinträchtigungen angegangen sind. Auch bei Rückenschmerzen, Tumorerkrankungen, Kopfschmerzen oder Neuropathien können ähnliche Erfolge erreicht werden. Denn alle beschriebenen Mechanismen tragen dazu bei, Schmerzen zu lindern und Entzündungen zu reduzieren. Es lohnt sich also, gegen Schmerzen aktiv anzugehen!

Warum kommt Muskelkater immer verzögert?

Egal, ob Sie sportlich neu oder nach einer Pause wieder einsteigen oder ein schwierigeres Niveau angehen, eins ist Ihnen sicher: Sie werden am nächsten oder übernächsten Tag Muskelkater haben! Die Ursache sind kleinste Risse (Mikrotraumata) in den Muskelfasern. Diese Mikroschäden führen zu einer Entzündungsreaktion, bei der Flüssigkeit in das Gewebe eintritt und eine Schwellung verursacht. Dies führt zu den charakteristischen Schmerzen und der Steifheit.

Muskelkater tritt typischerweise erst Stunden nach der Belastung auf, und das hängt mit den zugrunde liegenden physiologischen Prozessen und insbesondere der Arbeit des Immunsystems zusammen:

- Nozizeptoren weisen das Immunsystem auf die Mikrorisse in den Muskelfasern hin, und unser Abwehrsystem löst eine Entzündungsreaktion aus. Diese entwickelt sich über mehrere Stunden. Dazu wandern Entzündungszellen wie Makrophagen und andere Immunzellen in das betroffene Gewebe ein. Diese Zellen setzen entzündungsfördernde Zytokine und andere Mediatoren frei, die den Entzündungsprozess vorantreiben.
- Es kommt zu Flüssigkeitseinlagerungen im Gewebe (Ödem), das dadurch anschwillt. Diese Schwellung führt dazu, dass der Druck auf die umliegenden Strukturen, darunter auch Nervenenden, ansteigt. Dieser erhöhte Druck ist einer der Hauptgründe für die Schmerzempfindung.
- Die Nozizeptoren in den Muskeln reagieren auch auf den zunehmenden Druck und die chemischen Substanzen, die während der Entzündung freigesetzt werden, aber dieser Prozess benötigt Zeit. Es dauert einige Stunden, bis sich ausreichend Entzündungsmediatoren angesammelt haben, um die Nozizeptoren zu aktivieren und so den Schmerz auszulösen. Daher verspüren Sie den Schmerz oft erst 18 bis 24 Stunden nach der Belastung. Typischerweise erreicht der Muskelkater seinen Höhepunkt etwa 24 bis 72 Stun-

den nach der Belastung. In diesem Zeitraum sind die Entzündung und die damit verbundenen Prozesse am intensivsten.

Muskelkater ist also ein natürlicher Anpassungsprozess des Körpers an ungewohnte Belastungen. Die richtige Pflege und eine ausreichende Erholung ermöglichen eine schnelle Genesung und können zukünftigen Muskelkater abmildern. Das klappt mit Ruhe und Erholung, moderaten Aktivitäten wie sanftem Lockern oder leichtem Kardiotraining und sanften Massagen. Direkt nach einer ungewohnten Tätigkeit kann das Kühlen der betroffenen Muskulatur helfen, die Entzündungsreaktion zu reduzieren. Später entspannt Wärme (zum Beispiel durch ein warmes Bad) die Muskulatur und kann die Schmerzen lindern. Eine ausreichende Flüssigkeitszufuhr (alkoholfrei) und eine eiweißreiche Ernährung unterstützen die Regeneration der Muskulatur.

Muskelverspannungen – Warnschmerzen bei Stress

Das kennen Sie: Nach einer langen Autofahrt oder einem anstrengenden Arbeitstag fühlt sich der Schulter-Nacken-Bereich richtig hart an und schmerzt leicht. Muskuläre Verspannungen sind ein häufiges Problem, das viele Menschen betrifft. Die Verspannungen treten besonders dann auf, wenn Muskeln übermäßig intensiv und vor allem dauerhaft kontrahieren und sich nicht ausreichend entspannen können. In zahlreichen Fällen steht dies in Zusammenhang mit unserer Computerarbeit und dem langen Sitzen.

Ursachen sind dabei zum einen die physische Überforderung, aber auch emotionale Reaktionen, einschließlich Stress. Das bestätigt Prof. Hendrik Schmidt von der Charité Berlin 2024, der eine große Forschungsgruppe zu diesen Zusammenhängen in der Universitätsmedizin leitet. Um besser zu verstehen, warum sich Muskeln überhaupt verspannen und welche Rolle Stress und andere emotionale Reaktionen dabei spielen, ist es wichtig, sowohl die physiologische als auch die anatomische Basis einer Verspannung zu kennen.

Muskeln verspannen sich durch dauerhafte oder übermäßige Anspannung. Beides führt letztlich zu einer Überbeanspruchung der lokalen Muskulatur. Die Anspannung kann dabei ganz unterschiedliche Ursachen haben:

- Überlastung und Überbeanspruchung: Wenn Muskeln durch körperliche Aktivität oder Belastung überfordert werden, können sie sich verspannen. Beispielsweise führt langes Sitzen oder Arbeiten in ungünstigen Haltungen zu einer chronischen Überlastung bestimmter Muskelgruppen. Besonders betroffen sind Nacken, Schultern und Rücken. Dabei ist es weniger die Anspannung selbst, die zur Überlastung führt, sondern vor allem die schlechte Nährstoffversorgung, die sich gleichzeitig durch die verminderte Durchblutung der angespannten Muskeln ergibt. Eine gute Versorgung mit Sauerstoff und Nährstoffen wäre jedoch gerade bei andauernder intensiver Belastung notwendig. Also ist es fast die logische Konsequenz, dass eine hungernde Muskulatur irgendwann »dicht« macht.
- Fehlhaltungen: Lang anhaltende unnatürliche Haltungen, wie das ständige Vorbeugen am Schreibtisch mit einer starr fixierten Haltung des Kopfes, führen zu einer ungleichmäßigen Beanspruchung der Muskulatur. Bestimmte

Muskelgruppen sind dann dauerhaft angespannt, während andere geschwächt werden. Das führt zu muskulären Dysbalancen, also zu einem Ungleichgewicht.

- Mikrotraumata: Durch wiederholte kleine Verletzungen, sogenannte Mikrotraumata, wie sie bei intensiver körperlicher Belastung durch Arbeit oder Sport auftreten können, kann es zu chronischen Muskelverspannungen kommen. Wenn etwa Maler sehr viel über Kopf arbeiten müssen, reagiert ihr Körper auf diese intensive Belastung mit einer schützenden Muskelanspannung, um die betroffene Stelle zu stabilisieren. Körperlich betrachtet ist also eine Muskelverspannung auch ein Schutz für die beteiligten Gelenke und insbesondere für die beanspruchte Muskulatur, um dauerhafte Schäden abzuwenden. Nicht selten ist also eine Verspannung ein Rettungsanker der Muskeln.
- Stress und psychische Belastung: Chronischer Stress ist sicher eine der Hauptursachen für muskuläre Verspannungen. Bei anhaltendem Stress aktiviert der Körper den Kampf- oder Flucht-Modus (Sympathikus-Aktivierung). Dabei werden Muskeln, insbesondere im Nacken- und Schulterbereich, unbewusst angespannt, um den Körper auf eine potenzielle Gefahr vorzubereiten. Wenn dieser Zustand anhält, ohne dass eine Entspannung eintritt, bleiben die Muskeln im angespannten Zustand und verspannen dann.

Was hat eine Verspannung mit Stress zu tun?

Stress wirkt direkt auf das autonome Nervensystem, insbesondere auf den Sympathikus, der den Körper in Sekundenschnelle auf Belastungssituationen vorbereitet. Unter Stress schüttet der Körper die Hormone Cortisol und Adrenalin aus.

Diese Hormone erhöhen wiederum die Muskelspannung und bereiten den Organismus auf schnelle körperliche Aktionen vor.

In der modernen Welt jedoch sind unsere Stressfaktoren meist psychischer Art (Arbeitsdruck, soziale Konflikte und anderes mehr) und erfordern einen anderen Umgang. Der Körper hat also selten die Möglichkeit, sich durch Flucht oder Kampf zu entlasten – oder auch nur durch eine Joggingrunde direkt danach. Daher bleiben die Muskeln oft angespannt.

Bei chronischem Stress bleiben die Hormone Cortisol und Adrenalin auf einem erhöhten Niveau, und das führt zu anhaltenden Muskelverspannungen. Gleichzeitig wird der Parasympathikus, der für Entspannung und Regeneration zuständig ist, in Stresssituationen unterdrückt. Dadurch wird die natürliche Entspannung der Muskeln zusätzlich verzögert oder verhindert.

Muskelverspannungen sind also eine Stimme des Körpers, die uns auf körperliche oder seelische Überlastung hinweist, vielfach leider auch auf beides gleichzeitig. Dann hilft auch keine Massage mehr, sondern wir müssen der Ursache und dem Auslöser von Überlastung und Stress auf den Grund gehen und möglichst Abhilfe schaffen. Das jedoch geht in vielen Fällen nicht. Dann hilft nur ein anderer Umgang mit dem Grundproblem.

Im Jahr 2023 erschien dazu eine große Studie, die sich mit dem Zusammenhang von Stress und muskulären Beschwerden bei professionellen ungarischen Tänzerinnen beschäftigte. Die Forschergruppe um Dr. Kristof Schwartz von der Universität in Budapest analysierte die Wirkung des Stressniveaus auf die Gesundheit von professionellen Tänzerinnen. Mithilfe von standardisierten Fragebögen wurde eine Gruppe ungarischer Berufstänzerinnen befragt, um ihr Stressniveau sowie das Auftreten akuter Muskelbeschwerden zu bewerten. Es zeigte sich, dass bei einem höheren Stressniveau deutlich mehr Verspannungen, Verletzungen und Schmerzen vorkamen. Am häufigsten betroffen waren die Regionen Rücken, Nacken, Schultern und manchmal auch die unteren Extremitäten. Optimistisch stimmt, dass Tänzer und Tänzerinnen, die Stressbewältigungsmechanismen und -strategien anwendeten, über deutlich weniger Beschwerden berichteten. Proaktive Stressbewältigung kann also helfen, frühzeitig Verspannungen und Schmerzsymptome, die durch Stress verursacht werden, zu vermeiden.

Anatomisch gesehen betreffen muskuläre Verspannungen vor allem skelettale Muskeln. Diese Muskeln sind für die Bewegung und Stabilisierung des Körpers zuständig. Zu den am häufigsten betroffenen Muskelgruppen gehören:

- Nacken- und Schultermuskeln: Diese Muskeln, wie der Musculus trapezius und der Musculus levator scapulae, verspannen sich häufig bei Stress und schlechter Haltung. Besonders Bildschirmarbeit oder ständiges Anheben der Schultern kann diese Muskeln überlasten.
- Rückenmuskulatur: Die paraspinalen Muskeln (Erector spinae, langer Rückenstrecker, und Musculus multifidus) entlang der Wirbelsäule sind ebenfalls oft betroffen. Sie stabilisieren die Wirbelsäule und werden durch Fehlhaltungen oder stressbedingte Anspannung stark beansprucht.
- Kaumuskulatur: Stress führt oft zu Verspannungen im Bereich der Kaumuskeln (wie Musculus masseter), was zu Zähneknirschen (Bruxismus) führen kann.
- Bein- und Hüftmuskulatur: Das kennen Sie sicher von Ihren Urlaubsfahrten: Langes Sitzen kann zu Verspannun-

gen der Hüftbeuger (zum Beispiel Musculus iliopsoas) und der Beinmuskulatur führen. Dies kann Schmerzen im unteren Rücken oder in den Beinen verursachen.

Akute und chronische muskuläre Verspannungen haben unterschiedliche physiologische Folgen, die sich in Schwere und Dauer der Symptome unterscheiden. Akute Verspannungen treten meist als kurzfristige Reaktion auf eine bestimmte Belastung, Stress oder Fehlhaltung auf. Durch ein wenig Ruhe und Entspannung am Wochenende verschwinden sie aber meistens wieder. Chronische Verspannungen sind viel gravierender, denn sie können schwerwiegende physiologische Auswirkungen haben, weil sie oft über Wochen, Monate oder sogar Jahre andauern.

Die permanente Muskelanspannung reduziert dauerhaft mehr oder weniger stark die Durchblutung im betroffenen Bereich. Dies führt zu einer chronischen Unterversorgung der Muskelzellen mit Sauerstoff und Nährstoffen und fördert die Ansammlung von Stoffwechselprodukten. Letztere können das Gewebe schädigen und »vergiften«, und das wiederum kann zu einer Degeneration der Muskelfasern führen. Muskeln verändern dann sogar ihre anatomische Struktur, indem aktive Fasern durch passives und inaktives Bindegewebe ersetzt werden. Ursache dafür ist, dass lang anhaltende Verspannungen meist parallel zu einer Verhärtung und Verdickung des umliegenden Bindegewebes führen. Diesen Prozess bezeichnen wir als Fibrose. Das Gewebe »verklebt« quasi, schränkt die Beweglichkeit der Muskeln weiter ein und beeinträchtigt die Muskel- und Gelenkfunktionen.

Chronische Verspannungen können durch diese Veränderungen zu einem Zustand führen, in dem auch der Schmerz anhält, selbst wenn der auslösende Reiz nicht mehr vorhanden ist. Es sind also chronische Schmerzen entstanden. Das kann die Lebensqualität erheblich beeinträchtigen und zu einer erhöhten Schmerzempfindlichkeit führen, der Hyperalgesie.

Chronische Verspannungen können zu dauerhaften Fehlhaltungen führen. Beispielsweise kann eine chronisch verspannte Nackenmuskulatur dazu führen, dass der Kopf dauerhaft nach vorn geneigt bleibt und die Wirbelsäule zusätzlich belastet. Solche Fehlhaltungen führen zu muskulären Dysbalancen, bei denen einige Muskelgruppen übermäßig angespannt und andere geschwächt sind. Dies verschärft das Problem und führt zu einem Teufelskreis von Verspannung und Fehlhaltung. Vor allem Verspannungen im Nacken- und Schulterbereich wie im Beispiel können dann Spannungskopfschmerzen und Migräne auslösen oder verstärken. Denn diese Kopfschmerzen entstehen oft durch eine Überreizung von Nerven und Muskeln im Kopf- und Nackenbereich.

Verspannungen im Brust- und Rückenbereich durch ständiges Vorbeugen beim Sitzen können die normale Atemmechanik einschränken. Die betroffene Muskulatur, wie der Musculus intercostalis (zwischen den Rippen) oder der Musculus pectoralis (Brustmuskel), kann die Atmung behindern und eine flache, ineffektive Atmung fördern, die den Organismus nicht ausreichend mit Sauerstoff versorgt.

Muskuläre Verspannungen sind also meist das Ergebnis einer komplexen Interaktion zwischen körperlichen und psychischen Faktoren. Stress spielt dabei eine zentrale Rolle, indem er das Nervensystem aktiviert und zu einer chronischen Anspannung führt. Auf physiologischer Ebene führen Verspannungen zu einer schlechten Durchblutung, Schmerzen und einer Übererregbarkeit der Nerven. Anatomisch sind vor allem große Muskelgruppen betroffen, die für die Stabilisierung und Bewegung des Körpers verantwortlich sind. Das Verstehen dieser

Zusammenhänge ist wichtig, um präventiv und therapeutisch gegen Muskelverspannungen vorzugehen. Muskeln sind ein echtes Sinnesorgan und brauchen daher dringend regelmäßig emotionale Zuwendung.

Kopfschmerzen – meist hausgemacht

Morgens nach dem Wachwerden brummt der Schädel. Wer kennt das nicht? Bei mir tritt dies (sehr selten) ein, wenn ich am Abend vorher zu spät ins Bett gekommen bin, das Falsche und zu viel gegessen habe oder im Sommer nachts viel geschwitzt und dadurch viel Wasser verloren habe. Sonst bleibe ich zum Glück davon verschont! Aber wenn es doch einmal passiert, suche ich nach dem Grund, um ihn in Zukunft möglichst zu vermeiden. Schließlich sind Kopfschmerzen auch eine Stimme meines Körpers, die mir sagt, dass etwas nicht gut war.

Kopfschmerzen gehören zu den häufigsten Alltagsbeschwerden und beeinträchtigen die Lebensqualität beträchtlich. Im Jahre 2020 berichteten dem Robert Koch-Institut in einer großen Studie 57,7 Prozent der Frauen und 44,4 Prozent der Männer, dass sie mindestens einmal im letzten Jahr an Kopfschmerzen litten. Bei 4 Prozent schmerzt der Kopf sogar fast täglich! Bei 14 Prozent der Frauen und etwa 6 Prozent der Männer ist die Ursache eine diagnostizierte Migräne. Bei allen anderen ist die Ursache unbekannt oder primär durch den Lebensstil bedingt.

Oft wird dann mit Kanonen auf Spatzen geschossen, ohne darüber nachzudenken, woher die Kopfschmerzen möglicherweise wirklich kommen. Etwa 85 Prozent der Betroffenen greifen zu einem Schmerzmedikament, um die Beschwerden zu lindern. Erstaunlicherweise entstehen laut einer Studie der Techniker Krankenkasse von 2020 bei 40 bis 50 Prozent der Betroffenen die Kopfschmerzen als Nebenwirkung jener Tabletten, die eigentlich gegen die Kopfschmerzen helfen sollten.

Eines ist jedenfalls klar: Selbst wenn es sich manchmal anfühlt, als käme das Kopfweh aus der Tiefe des Gehirns, ist dem nicht so. Das Gehirn selbst besitzt gar keine Nozizeptoren! Kopfschmerzen kommen von der Kopfhaut, dem Gesicht und den anderen äußeren Teilen des Kopfs. Diese enthalten zahlreiche Nervenendigungen, die Reize an das Gehirn leiten, um den Kopfschmerz entstehen zu lassen.

Am häufigsten kommen die sogenannten Spannungskopfschmerzen vor. Deren Ursachen liegen oft in einer schlechten Körperhaltung, in Muskelverspannungen, in einer Überanstrengung der Augen oder der anderen Sinne und im täglichen Stress. Hinzu kommen eine Dehydrierung, also Wassermangel, Schlafmangel, schlechte Luft, übermäßiger Koffein- oder Alkoholkonsum oder psychosoziale Belastungen, begleitet von Angst und Depressionen. All das sind klassische lebensstilbedingte Gründe, die wir selber in den Griff bekommen können. Entsprechend gaben 2024 in einer Studie der Vivida BKK Frauen an, dass die häufigste Ursache für ihren Kopfschmerz der Stress ist, während Männer Schlafmangel als häufigste Ursache nannten.

Darüber hinaus gibt es die schwierigen Formen, die aber deutlich seltener sind. Migräne ist eine neurologische Erkrankung. Der sogenannte Cluster-Kopfschmerz geht möglicherweise auf eine Dysfunktion im Hypothalamus zurück. Die sogenannten sekundären Kopfschmerzen sind eine Folge einer anderen Erkrankung, wie Infektionen, Traumata, Medikamentenmissbrauch und manchmal auch von hormonellen Veränderungen.

Natürlich können Sie im akuten Fall von Spannungskopfschmerzen zu Analgetika wie Paracetamol und Ibuprofen greifen. Aber vielleicht können Sie sich zunächst auch eine Weile zurückziehen und es mit Hausmitteln wie kühlenden Kompressen, heißen Bädern oder einer sanften Nackenmassage probieren. Der britische Neurologe Dr. Joseph Blau von The City of London Migraine Clinic rät, einen halben bis einen Liter Leitungswasser zu trinken, sobald der Kopfschmerz auftritt. Er stellte in einer Studie fest, dass bei zwei Dritteln aller befragten Kopfschmerzgeplagten die Beschwerden bereits innerhalb einer halben Stunde nach dem Trinken von 0,5 Liter Wasser verschwanden. Bei weiteren 30 Prozent der Teilnehmer dauerte es ein bis drei Stunden.

Wenn Sie oft unter Kopfschmerzen leiden, sollten Sie langfristig Ihren Lebensstil verändern und regelmäßig auf Maßnahmen zur Stressverminderung setzen, sich ausreichend körperlich bewegen und bei der Ernährung darauf achten, Auslöser für Kopfschmerzen wie koffeinhaltige Getränke, stark verarbeitete Lebensmittel oder Alkohol zu vermeiden.

Bei plötzlich auftretenden sehr starken Kopfschmerzen sollten Sie allerdings schnell einen Arzt aufsuchen und auch dann, wenn Kopfschmerzen an mehr als 15 Tagen pro Monat die Regel sind. Dann ist die ärztliche Diagnostik grundlegend für die Auswahl der Behandlung.

DURST –
der Ruf nach Wasser

Wasser ist die Grundlage allen Lebens, und auch unser Körper besteht zu mehr als der Hälfte aus Wasser. Es ist daher das wichtigste Lebensmittel für unseren Körper. Nehmen wir zu wenig Flüssigkeit auf, dann ist der Stoffwechsel gestört und sogar unsere körperliche und geistige Leistungsfähigkeit ist stark eingeschränkt. Ganz ohne Wasser können wir nur etwa drei Tage überleben. Insgesamt verlieren wir etwa pro Tag im Schnitt – ohne viel Bewegung und Sport – bei normalen Außentemperaturen zwei Liter Flüssigkeit in Form von Schweiß und Urin. Die müssen wir durch ausreichendes Trinken wieder auffüllen. Da unser Körper Wasser leider nur bedingt speichern kann, braucht er ständig Nachschub.

Wenn wir zu wenig trinken, dann entsteht in der Regel Durst. Doch diese überlebenswichtige Stimme des Körpers nehmen viele Menschen nicht oder kaum wahr, denn die Hälfte der Menschen trinkt zu wenig. Eine »Trink-Studie« der Techniker Krankenkasse aus dem Jahr 2019 zeigte, dass vor allem Männer zu wenig trinken und sie das insbesondere während der Arbeit häufig vergessen.

Eine international angelegte Studie von 2022 aus mehr als 20 Ländern unter Leitung des japanischen Prof. Yosuke Yamada vom National Institute of Biomedical Innovation, Health and Nutrition aus Osaka ging der Frage nach, wie hoch der Wasserbedarf ist und wie viel Wasser der Körper tatsächlich verarbeitet. Dazu tranken die Probanden Wasser, in dem die normalen Wasserstoffatome durch das schwere Wasserstoff-Isotop Deuterium ausgetauscht waren. Mithilfe dieser Isotopenmarkierung lässt sich das Wasser im Körper gut nachverfolgen. Im Anschluss wurde ermittelt, wie jeder Proband das Isotop im Lauf der Zeit über den Urin und andere Wege ausschied.

Heraus kam, dass Männer im Schnitt 0,4 Liter mehr Wasser benötigen als Frauen. Der Grund dafür ist, dass Männer meist mehr Muskelgewebe haben, das im Vergleich zum Fettgewebe der Frau deutlich mehr Wasser speichert. Im Alter von 20 bis 30 Jahren ist der Wasserumsatz am höchsten bei Männern, während er bei Frauen insbesondere während einer Schwangerschaft ansteigt. Ab 50 Jahren ist der tägliche Bedarf rückläufig und mit 80 Jahren etwa um 0,75 Liter geringer als im Alter zwischen 20 und 30 Jahren.

Neben der Muskulatur beeinflusst auch das Körpergewicht unseren Wasserbedarf. Wer schwerer ist und zum Beispiel 50 Kilogramm mehr auf die Waage bringt als der »Durchschnittsmensch« mit rund 80 Kilogramm, braucht deswegen etwa 0,7 Liter mehr Wasser.

Als grundlegende Empfehlung für alle gilt: Mit 30 Milliliter pro Kilogramm Körpergewicht sind Sie auf der sicheren Seite.

Durst wird durch komplexe Mechanismen reguliert, die hauptsächlich im Gehirn und im Körpergewebe stattfinden. Dazu dienen insbesondere Osmorezeptoren, die sich im Hypothalamus des Gehirns befinden und auf Veränderungen der Konzentration von Salzen (osmotischer Druck) im Blut reagieren. Wird ihre Konzentration zu hoch (Hyperosmolarität), signalisieren die Osmorezeptoren dem Gehirn, dass Wasser benötigt wird, um das Gleichgewicht wiederherzustellen, also wieder den Zustand der Homöostase zu erreichen. – Sie erinnern sich: Homöostase ist das große Ziel aller Stimmen des Körpers.

Parallel arbeiten Barorezeptoren, die sich in den Blutgefäßen und im Herzen befinden. Sie messen den Blutdruck und die

Blutvolumenveränderungen. Wenn die Blutmenge sinkt oder der Blutdruck abfällt, beispielsweise bei Dehydrierung oder einem Volumenverlust durch Schwitzen oder Blutverlust, kann das ebenfalls Durst verursachen.

Wenn die Sensoren einen Mangel an Wasser oder eine Erhöhung des osmotischen Drucks im Blut wahrnehmen, senden sie Signale an das Gehirn, und zwar an den Hypothalamus. Er verarbeitet die Signale und aktiviert dann das Durstgefühl, denn er ist der zentrale Regulator des Durstgefühls. Dies führt dazu, dass wir das Bedürfnis verspüren, schnell Flüssigkeit aufzunehmen. Insgesamt ist Durst ein wichtiges körpereigenes Signal, das uns darauf aufmerksam macht, unseren Wasser-

Wasserhaushalt und Blutdruck

Der Wassergehalt des Bluts beeinflusst den Blutdruck vor allem durch seine Auswirkungen auf das Blutvolumen und die Viskosität des Bluts, denn Wasser ist ein Hauptbestandteil des Blutplasmas. Wenn der Wassergehalt im Blut erhöht ist, steigt auch die Blutmenge. Durch ein höheres Blutvolumen steigt der Blutdruck, weil mehr Flüssigkeit durch die Blutgefäße zirkuliert und damit mehr Druck auf die Gefäßwände ausgeübt wird. Auch die Viskosität oder »Dicke« des Bluts hängt unter anderem vom Wassergehalt ab. Ein niedriger Wassergehalt führt zu einer erhöhten Blutviskosität. Das erschwert den Blutfluss, und das wiederum erhöht den Blutdruck. Der Körper reguliert selbstständig den Wasserhaushalt und damit auch den Blutdruck durch Mechanismen wie die Ausscheidung von Wasser über die Nieren. Eine gesteigerte Wasserausscheidung führt oft zu einem Abfall des Blutdrucks.

haushalt zu regulieren und sicherzustellen, dass unser Körper gut funktioniert.

Dehydrierung im Alter: Wenn Durst nicht mehr warnt

Haben Sie auch Oma, Opa oder Eltern zu Hause, die zu wenig trinken? Tatsächlich ist das ein Problem, das viele hochbetagte Senioren betrifft und schwerwiegende Folgen hat: Die Verwirrtheit mancher älterer Mitbürger ist oft nur darauf zurückzuführen, dass sie einfach das Trinken vergessen. Grund dafür ist, dass unser Durstgefühl tatsächlich im Alter nachlässt, weil es sich aufgrund einer Reihe physiologischer Entwicklungen verändert, die das Gleichgewicht des Wasserhaushalts im Körper beeinflussen.

Die Hauptgründe für die veränderte Durstwahrnehmung im Alter sind:

- **verminderte Empfindlichkeit des Durstzentrums:** Im Hypothalamus nimmt die Sensibilität für Veränderungen des Wasserhaushalts mit dem Alter ab. Dadurch reagieren ältere Menschen nicht so stark auf Flüssigkeitsverluste oder Erhöhungen der Blutsalze und verspüren seltener das Bedürfnis zu trinken.
- **Veränderungen der Hormonregulation:** Hormone wie das antidiuretische Hormon (ADH) und Aldosteron, die für die Regulation des Wasserhaushalts verantwortlich sind, zeigen im Alter deutliche Veränderungen. ADH hilft dem Körper normalerweise, Wasser zurückzuhalten, während Aldosteron den Salzhaushalt reguliert. Altersbedingte

Verschiebungen in der Ausschüttung oder Empfindlichkeit gegenüber diesen Hormonen können den Flüssigkeitshaushalt und das Durstgefühl beeinflussen.

- **Abnahme des Körperwassers:** Mit zunehmendem Alter verringert sich der Gesamtwasseranteil im Körper, weil der Anteil an fettfreier Körpermasse wie Muskeln meist abnimmt und der Fettanteil zunimmt. Ein geringerer Wasseranteil im Körper kann den Durstmechanismus dadurch weniger effektiv machen.
- **verminderte Nierenfunktion:** Die Nieren verlieren im Alter an Leistungsfähigkeit und können Wasser und Elektrolyte weniger effizient regulieren. Dadurch erhöht sich das Risiko für Dehydrierung, ohne dass das Durstgefühl entsprechend ansteigt.
- **geringere Fähigkeit, Wasser zurückzuhalten:** Ältere Menschen scheiden oft größere Mengen Wasser aus, weil die Nieren nicht mehr so gut in der Lage sind, das Wasser zu konzentrieren. Dies kann zu häufigem Wasserlassen führen, was eine Dehydrierung begünstigt.

All diese physiologischen Veränderungen führen dazu, dass ältere Menschen oft weniger Durst verspüren und ein höheres Risiko für Dehydrierung haben, insbesondere bei Hitze oder Krankheit.

Zu viel ist ungesund

Vor einigen Jahren nahm ein recht untrainierter junger Mann nach einem durchgelaufenen Marathon in London in kurzer Zeit so viel Flüssigkeit auf, dass er seinen Körper »vergiftete«

und dann auch daran gestorben ist. Er hatte während des Marathons sehr viel geschwitzt und damit auch viel Natrium verloren. Das in Kombination mit der übergroßen Menge an Flüssigkeit führte zu einer tödlichen Irritation der Arbeit des Herzmuskels.

Eine zu hohe Wasserkonzentration im Blut, auch bekannt als Wasservergiftung oder Hyponatriämie, kann also ernsthafte gesundheitliche Probleme verursachen. Zu viel Wasser im Blut kann die Konzentration von Elektrolyten, insbesondere Natrium, im Blutplasma stark verdünnen. Natrium ist entscheidend für die Aufrechterhaltung des osmotischen Drucks in den Zellen und Geweben. Eine niedrige Natriumkonzentration kann sogar die Funktionen der Zellen stören. Darüber hinaus kann ein zu niedriger Natriumspiegel im Blut dazu führen, dass Wasser in die Zellen einströmt, was zu Zellschwellungen und möglicherweise zu Hirnödemen führen kann. Dies ist besonders gefährlich, weil das Gehirn den Schädel schon ausfüllt und es dort kaum Platz für Schwellungen gibt.

Eine Hyponatriämie kann sogar die Nierenfunktion beeinträchtigen, weil die Nieren versuchen, überschüssiges Wasser auszuscheiden. Dies kann die Nieren überlasten und langfristig zu Nierenschäden führen. Daher ist es wichtig, gerade auch im Sport, zu beachten, dass eine zu hohe Wasserkonzentration im Blut lebensbedrohlich sein kann und sofortige medizinische Hilfe erfordert. Die Behandlung zielt dann darauf ab, den Natriumspiegel im Blut wieder zu normalisieren und die zugrunde liegende Ursache der Hyponatriämie zu identifizieren und zu behandeln. Deswegen empfehle ich Sportlern, ab der zweiten Stunde der körperlichen Aktivität auf 1 Liter Wasser etwa 0,5 Teelöffel Salz zuzuführen, um den Verlust zeitnah zu kompensieren. Das schmeckt sogar noch ganz gut und kann kostengünstig selbst hergestellt werden.

Blasen-Alarm: Warum sofort und nicht später?

Gerade mit dem Auto an der Raststätte vorbeigefahren, und ausgerechnet jetzt meldet die Blase ein dringendes Bedürfnis an – das kennen viele. Doch warum schickt unser Körper uns diese sehr deutlichen Signale oft so spät? In der Wand der Blase befinden sich spezielle Dehnungsrezeptoren, die auf die Spannung der Blasenwand reagieren. Wenn sich die Blase füllt, wird die Wand gedehnt, und die Rezeptoren senden ein Signal über sensorische Nerven an das Rückenmark und an das Gehirn. Im Gehirn, speziell im Hirnstamm und Großhirn, werden die Signale verarbeitet und als Harndrang wahrgenommen. Anfangs spürt man nur ein leichtes Gefühl, dass die Blase gefüllt ist. Bei zunehmender Füllung werden die Signale zwangsläufig intensiver, und es entsteht der Harndrang. Ist die Blase dann sehr stark gefüllt, wird der Harndrang zunehmend dringender, bis endlich ein Reflex zur Blasenentleerung ausgelöst werden kann.

Die Zeichen der Blase kommen leider manchmal recht plötzlich. Grund ist, dass der Harn sich nicht tröpfchenweise und regelmäßig in die Blase entleert, sondern immer unregelmäßig als Schwall in die Blase fließt. So kommt es dann schlagartig zu einem deutlich stärkeren Harndrang, weil der nächste große Schwall angekommen ist.

Ab einer Füllmenge von etwa 150 bis 200 Milliliter wird ein leichter Harndrang spürbar, bei etwa 400 bis 600 Milliliter (beim Mann) wird der Drang sehr intensiv. Mit 800 Millilitern ist beim Mann die maximale Dehnung der Blase erreicht und damit die Grenze der Füllung. Frauen haben in der Regel aufgrund des geringen Platzes im Becken eine kleinere Blase mit einem Füllungsvermögen von durchschnittlich 300 bis 500 Milliliter (maximal 700 Milliliter), wobei die Grenze des intensiven Harndrangs bei etwa 400 Millilitern erreicht ist.

HUNGER – das Bedürfnis nach Nährstoffen

Hunger? Kennen Sie das Gefühl überhaupt noch? Heutzutage haben wir in unserer Gesellschaft einen derartigen Überfluss an Nahrungsmitteln, dass wir zu jeder Tages- und Nachtzeit etwas essen können und, wenn der Kühlschrank leer ist, es uns nach Hause liefern lassen können. Richtigen Hunger verspüren die meisten von uns doch nur noch höchst selten, wenn überhaupt.

So schön es einerseits ist, dass wir in den Industriegesellschaften insgesamt gut mit Nahrung versorgt sind, steckt darin andererseits aber auch eine große Gefahr: Mehr als 60 Prozent der Männer und über 50 Prozent der Frauen in Deutschland sind aktuell übergewichtig, und bei den Kindern sind es mittlerweile auch schon über 30 Prozent. Das könnte uns egal sein, wären Übergewicht und Fettleibigkeit (Adipositas) nicht eine Grundlage von zahlreichen tödlichen Erkrankungen, die nicht nur die Lebenszeit der Betroffenen erheblich verkürzen können, sondern auch unsere Gesellschaft insgesamt viel Geld für Behandlungen kosten. Vor allem aber für Ihr persönliches Wohlbefinden, Ihre Vitalität und Gesundheit ist ein Gleichgewicht zwischen Energieverbrauch und Energieaufnahme empfehlenswert, und das erreichen Sie, wenn Sie auf Hunger- und Sättigungsgefühle achten, statt einfach zu essen, weil es gerade griffbereit ist.

Energiereserven sichern hat Vorrang

Hunger ist ein physiologisches Signal und macht uns darauf aufmerksam, dass unser Organismus dringend Energie benötigt, um den Stoffwechsel und alle lebenswichtigen Funktionen aufrechtzuerhalten. Diese sehr komplexe Reaktion wird durch Hormone, neuronale Signale und Mechanismen im Gehirn gesteuert. Sie dient dazu, den Körper mit Nahrung zu versorgen und Energie im Körper zu speichern, sodass er bei Bedarf darauf zurückgreifen kann. Der wichtigste Grund, warum wir regelmäßig essen müssen, besteht also primär darin, die Nahrungsreserven innerhalb des Körpers auf einem so hohen (stabilen) Niveau zu halten, dass es nicht zu einer Energieknappheit kommt.

Unmittelbar nach jeder Mahlzeit füllt unser Organismus seine Energiereserven wieder auf und speichert die Energie in zwei Formen: als Glykogen und als Triglyzeride. Die Reserven an Glykogen befinden sich besonders in den Skelettmuskeln und in der Leber. Deren Speicherkapazität ist relativ begrenzt. Diese Energie reicht bei Sportlern für maximal 90 bis 120 Minuten, also gerade für ein Fußballspiel, aber längst nicht für einen Marathonlauf oder Triathlon. Dagegen sammeln sich die Triglyzeride im sogenannten adipösen Gewebe, dem Fettgewebe, und die Speicherkapazität unserer Fettdepots ist nahezu unbegrenzt ausdehnbar – im wahrsten Sinne des Wortes!

Die Phase, in der unser Körper diese Reserven aufbaut, bezeichnen wir als »Anabolismus« oder »anabolen Stoffwechsel«, weil dabei Makromoleküle wie Glykogen und Triglyzeride aus der Nahrung aufgebaut werden. Dementsprechend heißt der Prozess zwischen den Mahlzeiten, bei dem Makromoleküle abgebaut und verbraucht werden, »Katabolismus« (kataboler Stoffwechsel). Wie Sie wissen, hat unser Körper immer das Bestreben, seine Systeme im Gleichgewicht zu halten, und deswegen möchte er die Energiereserven so schnell wie möglich wieder auffüllen. Wenn aber die Aufnahme und Speicherung von Energie den Verbrauch übersteigen – wie es aktuell bei vielen Menschen der Fall ist –, dann nimmt die Menge an Körperfett zwangsläufig zu: Die Folge ist Übergewicht. Umgekehrt entsteht Untergewicht, wenn die Energieaufnahme dem Bedarf des Körpers ständig hinterherhinkt. Damit beide Systeme, Anabolismus und Katabolismus, im Gleichgewicht bleiben, besitzt unser Organismus eine ganze Reihe an Maßnahmen, um die Nahrungsaufnahme und die Energiezufuhr auf Basis der Reserven zu regulieren. Wir spüren sie als Hunger oder Sättigung.

Wie Hunger entsteht

Obwohl schon sehr lange erforscht wird, wie der Organismus die Nahrungsaufnahme reguliert, haben wir diese Prozesse immer noch nicht bis ins Letzte verstanden. Wir wissen, dass Hunger durch ein Zusammenspiel verschiedener Systeme im Körper ausgelöst wird, die den Energiehaushalt regulieren, und zwar vor allem durch das Gehirn, den Magen und verschiedene Hormone.

In unserem Gehirn spielt der Hypothalamus eine ganz zentrale Rolle bei der Regulierung von Hunger und Sättigung. Dabei steuern zwei wichtige Bereiche diese Prozesse: Der laterale Hypothalamus ist verantwortlich für die Auslösung einer Hungerempfindung, und der ventromediale Hypothalamus ist zuständig für das Gefühl der Sättigung.

Bei der Versorgung des Gehirns denken wir meistens nur an Sauerstoff. Wir wissen, dass eine nur wenige Minuten andauernde Unterversorgung mit Sauerstoff zu gravierenden Schäden im Gehirn führt. Gleiches gilt aber auch für Nahrung in Form von Glukose! Das Gehirn kommt nur wenige Minuten ohne Glukose aus. Eine Unterversorgung führt zu Bewusstlosigkeit, die sogar bis zum Tod gehen kann, wenn der Glukosespiegel nicht rasch wiederhergestellt wird. Von diesem Problem der »Hypoglykämie« wissen insbesondere Diabetiker ein Lied zu singen. Für den Körper ist daher ein niedriger Glukosespiegel ein eindeutiger Hinweis darauf, dass Energie benötigt wird. Sobald also der Blutzuckerspiegel sinkt, werden Signale an den Hypothalamus gesendet, um Hunger zu erzeugen. Liegen dann Süßigkeiten in der Schublade, greift unser Gehirn als Zuckerliebhaber gern bei Gummibärchen und Schokolade zu.

Neben dem Gehirn ist der Magen eine unserer Hungerzentralen, die uns zum Essen verführen, und zwar durch Sensoren und Hormone. Mechanische Dehnungsrezeptoren im Magen und auch im Darm melden dem Gehirn über den Vagusnerv, wenn der Magen leer ist, was ebenfalls Hunger auslösen kann. Ist der Magen gut gefüllt, senden die Sensoren Sättigungssignale an das Gehirn.

Das Hungerhormon Ghrelin wird im Magen freigesetzt, wenn er leer ist, und signalisiert so dem Gehirn, dass dringend Nahrung benötigt wird. Ghrelin regt im Hypothalamus an, dass Neurotransmitter wie Neuropeptid Y (NPY) und Agouti-related Peptide (AGRP) ausgeschüttet werden, und stimuliert damit den Appetit. Das Hormon Leptin dagegen wirkt quasi als Gegenspieler zu Ghrelin und wird vom Fettgewebe freigesetzt. Es reguliert das Körpervolumen und die Körpermasse, indem es direkt auf die Neuronen im Hypothalamus wirkt, die den Hunger verringern und gleichzeitig den Energieumsatz erhöhen. Ein Mangel an Leptin facht also den Hunger und die Nahrungsaufnahme an und senkt den Energieumsatz.

Ghrelin, Leptin und Übergewicht

Man könnte an dieser Stelle vermuten, dass ein hoher Leptinspiegel ein gutes Zeichen ist! Aber das ist nicht immer so, denn die Zusammenhänge sind leider komplexer. Leptin, das Sättigungshormon, wird überwiegend von den Fettzellen (Adipozyten) produziert und informiert das Gehirn über den aktuellen Energiestatus des Körpers. Hohe Leptinspiegel signalisieren, dass genügend Energie gespeichert ist, und reduzieren das Hungergefühl. Damit hemmt Leptin den Appetit und steigert gleichzeitig den Energieverbrauch, um das Körpergewicht zu regulieren. Der Leptinspiegel steigt mit zunehmendem Körperfettanteil deutlich an. Gerade Menschen mit Übergewicht haben oft einen sehr hohen Leptinspiegel. Im gesunden Zustand würde das den Appetit verringern. Bei Adipositas tritt jedoch häufig eine Leptinresistenz auf, das Gehirn reagiert also nicht mehr auf das Sättigungssignal. Dies führt zu anhaltendem Hunger. Das Sättigungshormon Leptin hat also leider oft bei adipösen Menschen seine Funktion und Wirkung verloren und ist für die Sättigungsregulation unbrauchbar geworden.

Ghrelin, das Hungerhormon, signalisiert dem Gehirn, dass der Körper dringend Nahrung benötigt und spielt bei Übergewicht auch eine wichtige Rolle. Es wird hauptsächlich im Magen produziert, und sein Spiegel steigt vor den Mahlzeiten an, um Hunger zu erzeugen, und sinkt nach dem Essen. Das Hormon sorgt für Appetit, steigert die Nahrungsaufnahme und fördert die Fettspeicherung. Der Ghrelinspiegel steigt allerdings besonders bei starker Kalorienbeschränkung, Diäten, Fasten und auch bei Gewichtsverlust. Damit boykottiert Ghrelin die Abnehmversuche von Übergewichtigen.

Schlafmangel und chronischer Stress bringen die Ausschüttung beider Hormone durcheinander: Sie erhöhen den Ghrelinspiegel, der sonst normalerweise bei Gewichtszunahme und nach dem Essen abnimmt, und senken die Ausschüttung von Leptin, was insgesamt zu einer gesteigerten Nahrungsaufnahme führen kann.

Magenknurren – nicht immer ist es Hunger

Das Magenknurren, auch als Borborygmus bezeichnet, ist tatsächlich häufig ein Zeichen von Hunger, aber nicht ausschließlich: Die Geräusche entstehen, wenn die Bewegungen der Magen- und Darmmuskulatur, die sogenannte Peristaltik, Nahrung, Flüssigkeiten und Gase durch den Verdauungstrakt transportieren. Es werden aber nicht nur Reste von Nahrung und Flüssigkeit weitertransportiert, sondern auch Luft und Gase – etwa 2 bis 3 Milliliter. Das führt zu den typischen knurrenden Geräuschen, meist am Übergang vom Magen in den Dünndarm. Je leerer der Magen ist, umso stärker zieht er sich zusammen und verwirbelt dann in seinem geschlossenen Hohlraum Luft und Flüssigkeit. Wir hören also die Knurrgeräusche von Luft und Gasen. Nur von Luft und Liebe will der Magen auch nicht leben, sondern er will an fester Nahrung arbeiten, und das signalisiert er.

Übrigens ist der Magen nie wirklich leer. Denn unabhängig von unserer Nahrung produziert der Magen täglich mindestens 1 Liter Magensaft, der hauptsächlich aus Schleim und Magensäure besteht. Hinzu kommen etwa bis zu 1,5 Liter

Speichel und Schleim aus den Drüsen von Mund und Rachen, die wir täglich herunterschlucken. Auch die peristaltischen Bewegungen werden ununterbrochen fortgesetzt. Sie können besonders laut werden, weil es weniger Nahrung gibt, die die Geräusche dämpft. Wenn der Magen ziemlich leer ist, steigt der Spiegel des Hungerhormons Ghrelin im Blut an. Das verstärkt nicht nur das Hungergefühl, sondern erhöht auch die Aktivität des Magen-Darm-Trakts und verstärkt damit die Geräusche noch.

Interessanterweise kann Magenknurren aber auch auftreten, wenn der Magen voll ist. Auch in diesem Fall werden die Geräusche durch die Bewegung von Flüssigkeiten und Gasen innerhalb des Verdauungstrakts verursacht.

Das Magenknurren ist also eine normale Reaktion des Verdauungstrakts, die häufig mit Hunger einhergeht, aber auch unabhängig davon auftreten kann. Greifen Sie daher am besten nicht sofort beim ersten Knurren zur nächsten Zwischenmahlzeit, sondern hören und spüren Sie eine Weile genauer hin, ob es wirklich Hunger ist.

Wenn Hunger nicht gestillt wird

Unser Organismus benötigt für seine Funktionen ständig Energie und kann deshalb Hunger nicht hinnehmen. Da bei Hunger Energieverlust droht, beginnt der Körper, gespeicherte Energiereserven (Glykogen und Fett) zu nutzen. Bei anhaltendem Hunger wird sogar Muskelprotein abgebaut, und das kann zu Muskelschwund führen. Vielleicht haben Sie das sogar schon selbst erlebt, wenn Sie bei einer Diät dauerhaft sehr wenig Kalorien zu sich genommen haben. Dann weiß der Körper sich nicht anders zu helfen, als energieverbrauchende Strukturen wie die Muskulatur abzubauen und als Energiequelle zu nutzen. Deswegen ist es beim Abnehmen immer besser, sich Zeit zu lassen, die Kalorienaufnahme nur etwas zu verringern und vor allem die Ernährung auf gesund und vitalstoffreich umzustellen.

Zusätzlich droht bei Hunger auch Flüssigkeitsmangel im Körper, denn auch Nahrung enthält Flüssigkeit. Anhaltender Hunger kann zu Dehydrierung führen, wenn nicht zusätzlich genügend Wasser getrunken wird.

Das größte Problem von Hunger ist jedoch langfristig ein Mangel an wichtigen Nährstoffen wie Vitaminen und Mineralien: Das kann zu schwerwiegenden Gesundheitsproblemen führen. Hunger kann die Konzentration, das Gedächtnis und die Stimmung direkt beeinträchtigen. Man wird weniger belastbar, wenn Energie fehlt. Dadurch führt gerade chronischer Hunger oft zu Reizbarkeit, Müdigkeit und einem erhöhten Stresslevel.

Warum essen wir auch ohne Hunger?

Kennen Sie das auch? Auf dem Tisch bei einer Besprechung stehen Kekse, Schokolade, und Sie greifen zu, immer und immer wieder. Dabei wissen Sie genau, dass die Qualität dieser Kekse und Schokolade auf dem Besprechungstisch nicht gerade glänzt. Oder Sie öffnen eine Chipstüte, nach einer halben Stunde ist sie leer – und Sie haben es gar nicht gemerkt.

Es gibt viele Gründe, warum wir auch dann essen, wenn wir nicht hungrig sind. Sie sind oft psychologisch, sozial oder durch äußere Reize bedingt. Viele Menschen essen nämlich als Reaktion auf Emotionen wie Stress, Langeweile, Traurigkeit oder

Frust. Essen kann kurzfristig beruhigend wirken, weil es die Ausschüttung von Wohlfühlhormonen wie Serotonin und Dopamin stimuliert.

Gegessen wird häufig aber auch nach bestimmten Zeitplänen oder Ritualen, auch wenn kein echtes Hungergefühl vorliegt. Zum Beispiel essen viele Menschen in der Mittagspause, weil es einfach zur Routine gehört.

Außerdem verführt uns die Industrie zu einem Dauerkonsum von Nahrung. Nicht nur in der Werbung werden wir ständig mit Essen konfrontiert – vor allem mit ungesunden Fertigprodukten –, sondern auch wenn wir unterwegs sind, gibt es in Bahnhöfen oder in Fußgängerzonen an jeder Ecke etwas Essbares, und die Gerüche locken uns in die Imbissstuben und Bäckereien. In einer Umgebung, in der Essen leicht verfügbar ist, greifen Menschen oft reflexartig zu, auch wenn sie keinen Hunger verspüren. Visuelle und olfaktorische Reize, wie der Anblick von Speisen oder der Geruch von frischem Essen, lösen dann Appetit aus.

Essen hat auch eine wichtige soziale Komponente: Menschen essen oft in Gesellschaft, bei Feiern oder Familientreffen, unabhängig davon, ob sie hungrig sind. Gerade bei Familienfeiern und Buffets werden die Teller übermäßig vollgeschaufelt.

Aber auch in unserem Körper gibt es einen stillen Flüsterer, der uns viel zu häufig zum Kühlschrank laufen lässt: Das Belohnungssystem im Gehirn und dabei besonders der Einfluss des Hormons Dopamin spielt eine Rolle beim sogenannten »hedonischen Essen«. Dann essen wir nicht aus einem physiologischen Bedürfnis nach Energie, sondern weil das Essen Genuss bereitet. Einfach aus Spaß genussvoll zu essen, ist tatsächlich der schönste Grund. Dennoch darf der Schrei nach Belohnung nicht so groß werden, dass wir gar nicht mehr vom Teller loskommen.

Wissenschaftler des Garvan Institute of Medical Research im australischen Sydney wollten 2023 genauer wissen, warum sich Stress auf unser Essverhalten so gravierend auswirkt. Dafür untersuchten sie in einer großen Studie, wie sich chronischer Stress auf das Fressverhalten bei Mäusen auswirkt und welche Vorgänge dabei im Gehirn beeinflusst werden.

Die Forscher verglichen das Verhalten von gestressten und ungestressten Mäusen. Den Stressfaktor bildete, dass die Mäuse jeden zweiten Tag für eine Stunde in einem Käfig gehalten wurden, dessen Boden mit kaltem Wasser anstelle von weicher Einstreu bedeckt war. Die kleinen Nager erhielten dabei beliebig viel normales oder hochkalorisches Futter. Die gestressten Mäuse fraßen deutlich mehr von dem fettreichen Futter. Als Folge nahmen die gestressten Mäuse doppelt so stark zu wie ihre entspannten Kollegen. Das Ergebnis zeigt eindeutig, dass bei Stress ein Stoppsignal aus einem Bereich des Zwischenhirns, der sogenannten lateralen Habenula, ausbleibt.

Vergleichbare Ergebnisse erbrachte ein zweiter Test, bei dem die Tiere zusätzlich zur fettreichen Kost auch noch ohne Limits gesüßtes Wasser (Limonade) statt des normalen Wassers zu sich nehmen konnten. Der Stress führte auch in diesem Fall zu einem deutlich höheren Konsum des süßen Wassers. So zeigt sich, dass Stress eben nicht nur grundsätzlich den Hunger verstärkt, sondern ganz speziell auch die Lust auf süße, gehaltvolle Nahrung fördert.

Gerade der Ausfall des natürlichen Stoppsignals hängt eng mit der Ausschüttung des Neuropeptids Y im Gehirn zusammen, wie die Forscher feststellen konnten. Dieses Neuropeptid wird von der Amygdala produziert, die besonders bei emotionalen Prozessen eine wichtige Rolle spielt. Die gestressten Mäuse fraßen deswegen immer weiter und reagierten nicht mehr auf die Sättigungssignale. So zeigen die Ergebnisse dieser Studie sehr eindrucksvoll, dass Stress einen großen Einfluss auf die Regulierung von speziellen Hormonen und Botenstoffen des Gehirns besitzt. Über diesen Weg kann Stress unmittelbar auch das »normale« Sättigungsgefühl außer Funktion setzen.

Ein ähnliches Verhalten lässt sich bei gestressten Menschen beobachten. Die laterale Habenula bildet eine ganz schmale Verbindung zwischen dem Thalamus und der Zirbeldrüse. Dort ist sie unter anderem daran beteiligt, das Belohnungssystem zu dämpfen und uns dadurch grundsätzlich zunächst vor einer zu großen Energieaufnahme zu bewahren. Doch fettreiche, süße Nahrung ist sehr schmackhaft, wenn man sie erst einmal im Mund hat. Dann wird unser Belohnungssystem stark aktiviert, wie der Endokrinologe Prof. Christian Kasperk aus Heidelberg feststellt. Wir wollen immer mehr davon, weil die Hemmung durch die Aktivität der lateralen Habenula und durch die Sekretion von Neuropeptid Y weiter gestört wird.

Hungerast – Warnsignale missachtet

Kennen Sie das? Sie unternehmen eine längere Wanderung oder Radtour, und auf einmal fühlen Sie sich total schwach und müssen sofort etwas essen. Der Hungerast, die Hypoglykämie, ist bekannt als Unterzuckerung, im Sportjargon »Bonk« genannt. Er tritt immer dann auf, wenn der Körper während intensiver körperlicher Aktivität plötzlich nicht mehr über ausreichend Energiereserven verfügt, um die Muskulatur und das Gehirn zu versorgen. Das passiert, wenn die Glykogenspeicher in Muskeln und Leber aufgebraucht sind. Ein drastischer Leistungsabfall ist die Folge. Der Berufsverband der Deutschen Internisten und Internistinnen spricht dann von einer Hypoglykämie, wenn der Blutzuckerspiegel unter 40 mg/dl abfällt.

Das trifft nicht nur Sportler, sondern gerade auch untrainierte Menschen, die sich am Wochenende zu viel vornehmen. Außerdem treten im normalen Alltag sogenannte Nüchtern-Hypoglykämien mehr als sechs Stunden nach der letzten Nahrungszufuhr auf, beispielsweise nach starker körperlicher An-

Bei einem Hungerast schnell handeln

Kurze Pause einlegen: Der oder die Betroffene sollte sofort die Aktivität reduzieren, die Intensität abschwächen oder eine kurze Pause einlegen, um den Körper zu stabilisieren und dem Verdauungssystem Zeit zu geben, die Nährstoffe aufzunehmen.

Schnell verfügbare Kohlenhydrate zu sich nehmen: Sportgetränke, Gels, Riegel oder Zucker (wie Traubenzucker oder ein süßes Getränk) können helfen, den Blutzuckerspiegel schnell wieder anzuheben. Auch Lebensmittel wie Bananen, Weißbrot oder Fruchtsaft sind ebenfalls gute, leicht verdauliche Kohlenhydratquellen, die schnell ins Blut gelangen.

Flüssigkeitszufuhr sicherstellen: Oft hilft es auch, Flüssigkeit mit einem geringen Kohlenhydratanteil (wie isotonische Getränke) zu trinken, um den Körper gleichzeitig mit Flüssigkeit und Energie zu versorgen.

Energiequellen mit Langzeitwirkung einnehmen: Nach den schnell verfügbaren Kohlenhydraten sollte der oder die Betroffene zusätzlich langsam verdauliche Kohlenhydrate wie Vollkornprodukte oder Haferflocken zu sich nehmen, um die Glykogenspeicher wieder aufzubauen und dem Körper langfristig Energie zu liefern.

strengung oder auch nach Alkoholgenuss am Vorabend, der eine Unterzuckerung hervorrufen kann.

Bei intensiver Belastung nutzt der Körper vor allem Kohlenhydrate in Form von Glykogen als Energielieferant. Diese Glykogenspeicher in den Muskeln und der Leber sind jedoch begrenzt. Wenn sie erschöpft sind – meist nach 1,5 bis 3 Stunden – und nicht schnell nachgefüllt werden durch Nahrungsaufnahme, dann sinkt der Blutzuckerspiegel drastisch. Der Körper kann dann nicht mehr genügend Energie für die Muskulatur bereitstellen.

Meist ist eine unzureichende Kohlenhydratzufuhr in den Tagen oder Stunden vor der Aktivität (fehlendes »Carboloading«) oder der Verzicht auf kohlenhydratreiche Snacks während der Aktivität verantwortlich. Aber auch eine schlecht geplante oder unzureichende Flüssigkeitszufuhr kann zu einem Energieeinbruch führen, weil dehydrierte Muskeln ineffizienter arbeiten.

Ein Hungerast kommt aber nur selten ohne Vorwarnung: Er kündigt sich an, und bei den ersten Anzeichen hätte man durchaus noch die Möglichkeit, ihn abzuwenden. Normalerweise bemerkt man, dass die Kraft schnell nachlässt und die Beine oder Arme schwer und kraftlos werden. Oder es treten leichte erste Konzentrationsprobleme auf, weil das Gehirn bei einer drohenden Unterzuckerung nicht mehr genug Energie erhält. Das führt zu Verwirrung, Konzentrationsschwäche und verlangsamtem Denken. Nicht selten fühlen sich Sportler etwas schwindelig oder sogar übel, weil der Blutzuckerspiegel stark absinkt. Oder der Körper reagiert auf den niedrigen Blutzuckerspiegel mit Zittern, starkem Schwitzen und Nervosität. Auch plötzlicher kalter Schweiß kann ein Zeichen dafür sein, dass der Organismus versucht, den Energiemangel auszugleichen. Es gibt also im Vorfeld meist eine ganze Reihe an Signalen, die der

Körper aussendet. Sie müssen nur darauf achten. Hören Sie also während der Belastung immer auch in Ihren Körper hinein, denn er sagt Ihnen, wie es gerade um ihn steht. Wer einmal einen Hungerast erlebt hat, wird ihn nämlich so schnell nicht vergessen.

Um einen Hungerast von vornherein zu vermeiden, sollten Sportler im Vorfeld vorbeugende Maßnahmen ergreifen. Sie sollten Carboloading betreiben, also in den Tagen vor einer intensiven Belastung reichlich Kohlenhydrate (Nudeln, Reis, Kartoffeln) essen, um die Glykogenspeicher zu füllen. Bei langen oder intensiven Sporteinheiten sollten sie alle 30 bis 45 Minuten kleine Mengen an Kohlenhydraten (wie Sportgels, Bananen, Energieriegel) konsumieren. Neben der Nahrungsaufnahme ist es wichtig, regelmäßig zu trinken, um Dehydrierung zu verhindern, die ebenfalls zu einem Leistungsabfall führen kann.

Der Weg zur Sättigung

Genau wie der Hunger ist auch die Sättigung ein komplexer Vorgang, bei dem mehrere Steuermechanismen unseres Organismus zusammenspielen. Das Hormon Ghrelin macht uns beispielsweise morgens Hunger auf ein Frühstück. Das essen wir – hoffentlich in Ruhe und mit Genuss –, und irgendwann sind wir dann auch satt. Aber was passiert dabei genau in unserem Körper?

Grundsätzlich kann man diesen Prozess des Essens und der Sättigung in drei grobe Phasen aufteilen:

- Kopfphase (kephale Phase): Der Anblick und auch der Geruch des Frühstücks lösen umgehend eine Reihe natürlicher biologischer Prozesse aus, die dem Essen immer vorausgehen. Dazu zählen insbesondere parasympathische Stimuli, die das vegetative Nervensystem aktivieren. Uns läuft im wahrsten Sinne des Wortes »das Wasser im Munde« zusammen, denn es bildet sich Speichel, der bereits Verdauungsenzyme enthält, die beim Kauen mit der Nahrung vermischt werden und sie schon ein wenig vorverdauen. Außerdem sammeln sich zusätzlich schon jetzt Verdauungsenzyme im Magen an.

- Magenphase (gastrale Phase): Wenn wir kauen und den Speisebrei herunterschlucken, beginnt der Magen mit intensiverer Aktivität. Die Dehnung der Magenwand aktiviert deren Mechanosensoren, Magensäure und andere biochemische Substanzen werden ausgeschüttet, um den Speisebrei weiter zu zerkleinern und in seine Bestandteile zu zerlegen.
- Darmphase (intestinale Phase): Sobald die erste verdaute Nahrung in den Darm wandert, beginnt die intestinale Phase. Jetzt wird der saure Magenbrei durch Hormone neutralisiert, und Nährstoffe werden resorbiert und ins Blut weitergeleitet.

Damit wir uns nach unserem Essen auch tatsächlich satt fühlen, werden während dieser drei Phasen mehrere sensorische Wege aktiviert, die ein Gefühl der Sättigung auslösen:

- Magendehnung: Die Dehnung der Magenwände ist ein starkes Sättigungssignal. Die Magenwände sind reich mit sensorischen Axonen ausgestattet, und die meisten von ihnen laufen im Vagusnerv hoch zum Gehirn. Dort aktivieren sie Neurone im Nucleus tractus solitarii, wodurch die weitere Nahrungsaufnahme gehemmt wird. Dieser

Nucleus ist ein bedeutendes Kontrollzentrum des gesamten vegetativen Nervensystems. Aber: Besonders wenn wir etwas essen, das uns sehr gut schmeckt, ist unser Wille oft stärker als die Signale des Nucleus tractus solitarii. Die Folge ist: Wir haben dann einfach zu viel gegessen, und der Magen platzt beinah.

- Cholecystokinin (CCK): Das Peptid mit dem Namen CCK ist für die Häufigkeit und die Mengen der Nahrungsaufnahme mitverantwortlich. CCK wird von speziellen Zellen der Dünndarmschleimhaut gebildet und von einigen Neuronen des Nervensystems. Besonders bei und nach einem Konsum von fetter Kost wird dieses Peptid vermehrt ausgeschüttet und aktiviert sensorische Axone im Vagusnerv. CCK und der Prozess der Magendehnung ergänzen sich und hemmen beide gemeinsam die Nahrungsaufnahme.
- Insulin: Insulin ist ein lebenswichtiges Hormon, das dafür sorgt, dass Glukose in die Körperzellen transportiert und dort für den Stoffwechsel genutzt wird. Es wird von den Beta-Zellen in der Bauchspeicheldrüse produziert und in den Blutstrom abgegeben, wenn wir essen oder Süßes trinken. Dann steigt der Glukosespiegel im Blut und gleichzeitig entsprechend der Insulinspiegel. Beides zusammen ergibt ein Sättigungssignal an das Gehirn und veranlasst, dass ein Sättigungsgefühl entsteht.

Hunger und Sättigung sind also komplexe Regelungsprozesse, die von unserem Gehirn sehr differenziert gesteuert werden. Allerdings wird diese zentrale Regelung nicht selten durch unseren aktuellen Lebensstil so sehr gestört, dass die Regler verschoben werden. Vor allem der dauerhafte und pausenlose Konsum von Nahrungsmitteln führt dazu, dass unsere Sensibilität

Mit Abnehmspritze schneller satt

In den letzten Jahren hat kaum ein Medikament so viel Aufmerksamkeit erregt wie die »Abnehmspritze«. Ursprünglich unter dem Namen »Ozempic« für Patienten mit Diabetes Typ 2 entwickelt, hat es sich aufgrund seiner Wirkung auf das Gewichtsmanagement mittlerweile als Medikament gegen starke Adipositas etabliert. Die Wirkstoffe Semaglutid und Liraglutid gehören zur Klasse der GLP-1-Rezeptor-Agonisten, die primär zur Behandlung von Störungen im Zuckerstoffwechsel verwendet werden. Ihr Einfluss auf das Sättigungsgefühl und die Steuerung des Appetits im Gehirn ist entscheidend. All diese Medikamente imitieren die Wirkung des körpereigenen Hormons GLP-1 (Glucagon-like Peptide-1), das an der Regulierung des Blutzuckerspiegels, der Insulinfreisetzung und des Hungergefühls beteiligt ist. GLP-1-Rezeptoren befinden sich nicht nur in der Bauchspeicheldrüse, sondern auch im Hypothalamus, der für die Appetitsteuerung zuständig ist. Durch die Aktivierung der GLP-1-Rezeptoren im Hypothalamus senden die Medikamente Signale, die das Sättigungsgefühl verstärken und die Freisetzung von Hungerhormonen wie Ghrelin unterdrücken – und damit den Appetit. Zudem verlangsamen sie auch die Magenentleerung. Dadurch essen Menschen weniger und nehmen ab. Nach dem Absetzen der Medikamente kehrt das Hungergefühl meist schnell zurück, und das Risiko für Gewichtszunahme sowie eine Verschlechterung der Blutzuckerkontrolle erhöht sich. Um diesen Effekten entgegenzuwirken, ist es entscheidend, schon während der Nutzung dieser Medikamente auf eine gesunde Ernährung, regelmäßige Bewegung und gegebenenfalls psychologische Unterstützung zu setzen.

für Hunger und Sättigung verloren geht. Deswegen ist mein Tipp: Lassen Sie Hunger bewusst zu und warten Sie mit dem Essen, bis Sie nicht nur Appetit, sondern einen echten »Magenhunger« spüren. Dann kann sich auch das Gefühl der Sättigung ausbilden.

Fast Food und to go – zu schnell für die Signale des Körpers

Fast Food und unsere zunehmende To-go-Mentalität behindern die Wahrnehmung der Gefühle von Hunger und Sättigung. Ein entscheidendes Problem dabei ist die Geschwindigkeit, mit der wir diese Nahrung aufnehmen. Bis der Magen dem Gehirn überhaupt signalisiert, dass genug Nahrung aufgenommen wurde, dauert es nämlich in der Regel 15 bis 20 Minuten, und erst dann kann das Sättigungsgefühl einsetzen. Das liegt daran, dass es immer eine gewisse Zeit dauert, bis die Dehnung des Magens und die entsprechenden hormonellen Signale im Gehirn ankommen und verarbeitet werden. Fast Food und auch to go verführen uns aber dazu, viel schneller zu essen, als es für uns gut wäre: Wer schneller isst, isst oft mehr, bevor das Sättigungsgefühl einsetzt, weil das Gehirn noch keine Zeit hatte, die Signale zu verarbeiten.

Langsames Essen, »Slow Food«, und gutes Kauen können helfen, rechtzeitig aufzuhören. Fette und Proteine lösen übrigens ein stärkeres und schnelleres Sättigungsgefühl aus als Kohlenhydrate. Vor allem schnell verdauliche Zuckerarten, wie wir sie besonders in flüssiger »Nahrung« (Quetschies, Limonaden, Säfte, süße Smoothies) finden, führen zu einem weniger ausgeprägten Sättigungsgefühl, weil diese Getränke den Magen auch wieder schneller verlassen als feste Nahrung. Dagegen füllen ballaststoffreiche Lebensmittel wie Gemüse, Vollkornprodukte und Hülsenfrüchte den Magen, sodass die Dehnungsrezeptoren schneller aktiviert werden und wir uns schön satt fühlen.

DIE STIMMEN DES KÖRPERS
UND DIE »FALSCHE« WAHRNEHMUNG

Wenn ich Tennis spiele, bin ich immer voll bei der Sache, und mir passiert es gelegentlich, dass ich etwas ausfallend reagiere, beispielsweise wenn ich meine, dass der Schiedsrichter ungerechtfertigterweise den Ball »aus« gibt. Schließlich habe ich eindeutig und klar gesehen, dass mein Schmetterball exakt die Linie getroffen hat. Der Schiedsrichter zeigt mir den Abdruck des Balles und belehrt mich so schnell eines Besseren: Leider habe ich mich getäuscht. Dabei war ich so sicher, dass ich genau gesehen hatte, dass der Ball die Linie noch getroffen hat. Ich bin da kein Einzelfall, denn selbst die besten Profis diskutieren immer wieder genau diesen Punkt. Doch mithilfe der modernen Technologie in der Zeitlupe und mit KI wird schnell klar, dass sich selbst Profispieler häufig in ihrer Wahrnehmung täuschen, obwohl sie diesbezüglich viel geschulter sind als ich.

Die Ursache ist ganz einfach und wird von Philosophen schon seit Jahrhunderten diskutiert: Unsere Wahrnehmung ist keine eindeutige und klare objektive Repräsentation der Realität, sondern eine Konstruktion, die stark von unseren Erfahrungen, Erwartungen, der Situation und auch von unserer Wunschvorstellung geprägt ist. Sensorische Informationen werden nicht passiv aufgenommen, sondern aktiv verarbeitet und interpretiert. Erfahrungen dienen dabei als Filter, der bestimmt, welche Reize wir wahrnehmen und wie wir diese interpretieren. Dieser Prozess wird als »Top-down-Verarbeitung« bezeichnet. Diese subjektive Färbung unserer Wahrnehmung erleben Mitarbeitende der Polizei tagtäglich, wenn jeder Zeuge am Unfallort etwas anderes gesehen hat.

Erfahrungen prägen unsere Erwartungen und führen dazu, dass wir manche Dinge eher wahrnehmen als andere. Diese Erwartungen können unbewusst sein und unsere Wahrnehmung verzerren oder einschränken. Wenn beispielsweise schwangere Frauen durch die Straßen gehen, sehen sie plötzlich überall Mütter mit Kinderwagen, obgleich es objektiv betrachtet sicher nicht mehr geworden sind.

Immer wiederkehrende Erfahrungen oder auch Auseinandersetzungen können zu einer verstärkten Sensibilität oder Gewohnheit gegenüber den entsprechenden Reizen führen. Erfahrungen werden immer im Gedächtnis gespeichert und beeinflussen damit unsere zukünftigen Wahrnehmungsprozesse und auch -inhalte. Diese gespeicherten Informationen helfen dem Gehirn, unklare oder mehrdeutige Informationen besser interpretieren zu können.

Unsere subjektive Wahrnehmung und die objektive Realität sind also zwei grundsätzlich unterschiedliche Dinge, die wir nicht miteinander verwechseln dürfen. Im Alltag finden wir eigentlich immer subjektive Wahrnehmungsverzerrungen. Egal, ob es um Tennisspielen, Zeugenaussagen, Schwangere oder einfach die Betrachtung von Wolken geht: Sie sehen in der Regel etwas anderes als ich.

Die Hauptursache dafür liegt in den Mechanismen, mit denen unser Gehirn die eingehenden Informationen bearbeitet. Es ergänzt fehlende Informationen basierend auf unseren jeweils individuellen Erfahrungen, um eine kohärente, also für uns stimmige, Wahrnehmung zu schaffen. Wenn uns beispielsweise beim Lesen Buchstaben oder ganze Worte fehlen, dann ergänzt unser Gehirn diese automatisch. Das Problem ist jedoch, dass diese Ergänzungen fehlerhaft sein können.

Darüber hinaus ist unsere Aufmerksamkeit zwangsläufig begrenzt, weshalb das Gehirn immer nur ganz bestimmte (wichtige) Informationen priorisiert. Diese Selektion kann aber dazu führen, dass wir bestimmte Aspekte der Realität übersehen oder falsch interpretieren. Wir sprechen in diesem Zusammenhang von selektiver Aufmerksamkeit, die immer individuell geprägt ist. Ein Zahnarzt nimmt auch außerhalb seiner Praxis im Gespräch automatisch wahr, ob jemand schlechte Zähne hat.

Manche Reize nehmen wir je nach Situation unterschiedlich wahr. Aus einer sicheren Position interessiert uns ein Krankentransport mit Sirene und Blaulicht nicht, doch wenn wir gerade selbst darauf warten, schon. Wer in der Nähe eines Krankenhauses wohnt, nimmt die Sirene zu Hause gar nicht wahr, während sein Besuch findet, dass diesbezüglich ganz schön viel los ist.

Unser Gehirn arbeitet letztlich sehr sparsam und möchte so wenig Energie wie möglich verbrauchen und also möglichst wenig beansprucht werden. Deswegen sucht es ständig nach Abkürzungen, um Informationen effizient zu verarbeiten. Das kann natürlich manchmal auch zu Fehleinschätzungen führen. Das gilt besonders dann, wenn wir auch noch emotional stark beteiligt oder angespannt sind – wie ich bei meinem Tennisspiel. Angst, Hoffnung oder Erwartung können dazu führen, dass wir die Reize anders wahrnehmen, als sie tatsächlich sind. Die Diskrepanz zwischen Wahrnehmung und Realität zeigt also, dass unsere Wahrnehmung weniger eine unmittelbare und direkte objektive Abbildung der Welt ist als vielmehr immer eine Interpretation, die von biologischen, psychologischen und sozialen Faktoren stark beeinflusst wird.

Warum **VERLIEREN** wir unser **KÖRPERGEFÜHL?**

Kleine Kinder sind sehr mit ihrem Körper verbunden und äußern ihre und damit seine Bedürfnisse immer unmittelbar. Als Erwachsene scheinen viele von uns diese Fähigkeit zu verlieren. Wir sind damit beschäftigt, unser Leben in den Griff zu bekommen, und hören einfach nicht mehr hin. Dadurch verlernen wir, die Sprache des Körpers zu verstehen. Leider gibt es eine Vielzahl von psychischen, physischen und sozialen Faktoren, die unsere innere Wahrnehmung verschlechtern.

Psychologische Faktoren

Stress und Überlastung: Chronischer Stress führt zu einer Art »Entfremdung« vom eigenen Körper, weil der Fokus hauptsächlich auf äußere Anforderungen gerichtet ist. Der Körper schaltet dann auf »Autopilot«, um mit Stress umzugehen. Das jedoch beeinträchtigt unsere Fähigkeit, subtile Körperempfindungen wahrzunehmen. Wir funktionieren nur noch wie in einem Hamsterrad und bemerken gar nicht, was das für uns bedeutet.

Depression und Angst: Psychische Störungen wie Depressionen oder Angststörungen können die Selbstwahrnehmung stark beeinträchtigen. Menschen in depressiven Phasen fühlen sich oft »betäubt« oder »abgeschnitten« von ihrem Körper und ihren Emotionen.

Dissoziation: Bei schweren psychischen Belastungen, wie Traumata, neigen manche Menschen zur Dissoziation, einem Zustand, bei dem sie sich von ihrem Körper und ihrer Umgebung distanzieren. Das kann eine schützende Reaktion auf überwältigende Erlebnisse sein, führt aber zu einem Verlust der Körperwahrnehmung.

Negatives Körperbild: Wenn Menschen ein negatives Selbstbild haben, etwa durch (digitale) Schönheitsideale, können sie den Kontakt zu ihrem eigenen Körper verlieren. Sie spüren den Körper nicht mehr als Teil von sich, sondern eher als etwas, das nicht genügt oder nicht schön genug ist. Gerade dieser Punkt ist in den letzten Jahren durch die sozialen Medien zu einem echten Problem vor allem bei jüngeren Menschen geworden, denn das Streben nach Anerkennung im Netz bestimmt für viele das Selbstwertgefühl. Viele Likes bedeuten Anerkennung und Wertschätzung! Bleibt dies aus oder kommen sogar negative Kommentare, dann kann sich das eigene Körperbild schnell verändern.

Physiologische Faktoren

Körperliche Inaktivität und Bewegungsmangel: Zu wenig Bewegung führt dazu, dass die Verbindung zwischen Körper und Geist zunehmend schwächer wird. Körperliche Aktivität hilft dabei, die eigene Körperwahrnehmung zu schärfen, weil sie dazu »zwingt«, auf körperliche Empfindungen und Signale wie Überlastung oder Schmerzen bei einer Bewegung zu achten.

Ernährungsstörungen: Bei Essstörungen wie Anorexie oder Bulimie ist die Körperwahrnehmung fast immer stark gestört. Die Betroffenen sehen ihren Körper nicht realistisch und nehmen Signale wie Hunger oder Sättigung nicht richtig wahr.

Schmerzen und chronische Erkrankungen: Chronische Schmerzen oder Erkrankungen können zu einer verzerrten

Wahrnehmung des Körpers führen. Menschen mit anhaltenden Schmerzen nehmen den Körper häufig als eine Quelle von Leid wahr und versuchen, den Kontakt mit ihm zu vermeiden. Auch Medikamente gegen den Schmerz können die Körperwahrnehmung beeinträchtigen.

Digitale Technologie und moderne Lebensweise

Bildschirmzeit und virtuelle Welten: Durch den regelmäßigen Gebrauch von Smartphones, Computern und anderen digitalen Geräten verbringen Menschen weniger Zeit mit körperlichen Aktivitäten und Achtsamkeit. Die Konzentration auf virtuelle Umgebungen oder soziale Medien lenkt von der eigenen Körperwahrnehmung ab.

Ständige Ablenkung: In der heutigen schnelllebigen Welt sind viele Menschen ständig abgelenkt, sei es durch Arbeit, soziale Medien oder andere externe Reize. Diese ständige Ablenkung vermindert die Achtsamkeit und das Bewusstsein für den eigenen Körper.

Kulturelle und gesellschaftliche Einflüsse

Schönheitsideale und soziale Normen: Gesellschaftlicher Druck, bestimmte Körperideale zu erfüllen, führt dazu, dass Menschen ihren eigenen Körper ablehnen oder als unzureichend empfinden. Dies kann die Körperwahrnehmung stark negativ beeinflussen. Zwar gab es diesen Druck schon immer, aber durch die sozialen Medien ist er heute viel belastender.

Körperentfremdende Tätigkeiten: In vielen modernen Berufen – vor allem bei sitzenden Bürojobs – wird der Körper oft nur als Werkzeug betrachtet. Das führt dazu, dass Menschen weniger auf ihre körperlichen Bedürfnisse achten und alles der Kognition unterordnen.

Haben Sie sich in der Aufzählung wiedergefunden? Die Gründe für eine Verschlechterung der Körperwahrnehmung sind sehr vielfältig. Wollen wir die Verbindung zu unserem Organismus wiederherstellen, erfordert das oft eine bewusste Anstrengung, wie Achtsamkeit, Bewegung und Sport oder gar spezielle therapeutische Interventionen.

Stress hat viele Stimmen

Wie oft fühlen Sie sich gestresst? Wie oft sagen Sie eine Verabredung deshalb ab oder gehen Sie gar nicht erst ein? Wie oft hören Sie das umgekehrt von Ihren Freunden und Bekannten? Fakt ist: Stress prägt zunehmend unser Leben! Das belegt eine Studie des Versicherungsunternehmens Swiss Life von 2023: 61 Prozent der Befragten empfinden ihr Stresslevel als sehr hoch oder eher hoch. Junge Menschen in Ausbildung und Studium sind mit über 65 Prozent besonders betroffen. Bei den Arbeitnehmenden ist es gut die Hälfte (51 Prozent). Im Rückblick auf die vergangenen drei Monate fühlten sich 88 Prozent der Berufstätigen, 91 Prozent der Studierenden und 93 Prozent der Auszubildenden gestresst. Die Studie »Jugend in Deutschland 2024« zeigte, dass auch die Hälfte der Jugendlichen unter Stress leidet. Dabei empfinden Frauen generell mehr Stress als Männer.

Das sind katastrophale Zahlen, denn Dauerstress beeinträchtigt nicht nur unser Wohlbefinden, sondern auch unsere Gesundheit! Im Kapitel »Sympathikus – die Leistungsmaschine des Körpers« ab Seite 67 haben Sie gelesen, welche Prozesse das sympathische Nervensystem anregt, wenn Stresshormone ausgeschüttet werden. Das ist alles gut und richtig, wenn Stress zeitlich begrenzt ist und der Parasympathikus danach für Entspannung sorgen kann. Hält Stress aber länger an, weil beispielsweise die Arbeitsbelastung dauerhaft zu hoch ist oder die Pflege der kranken Eltern täglich erfolgen muss, wird es kritisch für unsere Gesundheit. Wer es nicht schafft, zwischendurch für Entspannung und Phasen der Regeneration zu sorgen, handelt sich ernsthafte körperliche und/oder psychische Probleme ein.

Wie der Körper auf Stress reagiert und anzeigt, dass es ihm gerade zu viel wird, ist von Mensch zu Mensch unterschiedlich: Die eine reagiert mit Kopfschmerzen oder gar Migräne, der andere mit Verdauungsproblemen, mancher mit Hautreaktionen oder Bluthochdruck. Wird der Stress unerträglich, antwortet der Organismus manchmal auch mit dem Broken-Heart-Syndrom oder mit Burn-out. Über all das haben Sie bereits etwas bei den jeweiligen Organsystemen gelesen. Oft geht dem Müdigkeit voraus – eigentlich eine deutliche Stimme des Körpers. Doch viele Menschen ignorieren sie trotzdem, weil ihnen anderes gerade wichtiger erscheint. Dann kommt es vielleicht zur berühmten Erkältung am Wochenende oder zu Beginn des Urlaubs. Bei manchen geht die stetige Müdigkeit in Erschöpfung über oder gipfelt gar im Burn-out.

Müdigkeit – der Ruf nach Entspannung

Müdigkeit ist ein völlig normaler physiologischer Zustand, der durch einen natürlichen Bedarf des Körpers nach Ruhe oder Schlaf nach einer Belastung entsteht. Die Merkmale von Müdigkeit sind eine geringere Konzentrationsfähigkeit, ein Gefühl von Schwere in den Gliedern, Augenbrennen, Gähnen und auch eine verlangsamte Reaktionsfähigkeit. Müdigkeit ist in der Regel nur vorübergehend und nach einer ausreichenden Phase der Regeneration immer reversibel.

Ursachen von verstärkter Müdigkeit sind meist eine vorausgegangene körperliche oder geistige Belastung und Beanspruchung, die vom Organismus im Tagesverlauf nur bedingt kompensiert werden konnte. Eine ungewohnte körperliche Tätigkeit, wie zum Beispiel der einwöchige Skiurlaub in den Wintermonaten, Schlafmangel und schlechter Schlafrhythmus (Jetlag), wenig Tageslicht oder manchmal auch nur Überarbeitung mit hoher kognitiver und mentaler Anstrengung machen uns müde. Hervorgerufen wird diese Empfindung durch spezielle hormonelle Prozesse wie eine Verringerung von Cortisol (Aktivierungshormon) im Tagesverlauf sowie den Anstieg des Schlafhormons Melatonin bei Dunkelheit. Auch zu wenig Glukose und Sauerstoff im Gehirn führen zu Energiemangel und somit zu trägen Denkprozessen. In Phasen der muskulären Erholung nach intensiver körperlicher Aktivität führt die verringerte Aktivierung der Nervenzellen zu einem deutlichen Müdigkeitsempfinden.

Gähnen – nicht nur bei Müdigkeit

Gähnen ist ein unwillkürliches Verhalten, das sowohl bei Menschen als auch bei vielen Tieren auftritt. Es ist durch eine tiefe Einatmung gekennzeichnet, die oft ein Strecken des Körpers begleitet. Die Ursachen für das Gähnen sind nicht vollständig erforscht, aber es scheint sowohl physische als auch psychologische Gründe zu geben. Häufig gähnen wir Menschen, wenn wir müde oder schläfrig sind. Es könnte also ein Signal des Gehirns sein, dass es Zeit ist, sich auszuruhen. Müdigkeit führt oft zu einer Verringerung der Gehirnaktivität sowie des Hirnstoffwechsels, sodass Gähnen daher auch eine Reaktion sein könnte, um die Wachsamkeit akut zu steigern. Gähnen tritt zudem oft auf, wenn wir uns langweilen oder längere Zeit körperlich inaktiv waren. Dies könnte ebenfalls mit einem Rückgang der Gehirnaktivität zusammenhängen, denn gerade körperliche Passivität vermindert den Metabolismus im Gehirn. Viele Menschen (und Tiere) gähnen, wenn sie gestresst oder angespannt sind. Gähnen kann helfen, die Körperfunktionen zu regulieren und den Stresspegel zu senken.

Gähnen könnte auch eine zentrale Rolle bei der Kühlung des Gehirns spielen. Indem während des Gähnens frische Luft eingeatmet wird, könnte das Gehirn abgekühlt und seine Funktion optimiert werden. Gähnen erhöht nämlich die Herzfrequenz kurzfristig um bis zu 30 Prozent, die Sauerstoffzufuhr im Körper wird erhöht, und es fließt mehr kühles Blut zum Gehirn.

Sicher haben Sie außerdem selbst schon gespürt, dass Gähnen ansteckend ist. Studien zeigen, dass Menschen eher gähnen, wenn sie jemanden sehen, der gähnt, besonders in engen befreundeten sozialen Gruppen wie innerhalb der Familie oder unter guten Freunden. Selbst wenn wir nur daran denken oder darüber lesen, gähnen wir schon. All dies könnte ein evolutionärer Mechanismus sein, um das Gruppenverhalten zu synchronisieren. Das ansteckende Gähnen hängt mit der Aktivität im präfrontalen Kortex zusammen, der für soziale Bindung und Empathie zuständig ist. Menschen mit höherer Empathie neigen eher dazu, auf das Gähnen anderer zu reagieren.

Wenn wir schon die Gründe fürs Gähnen nicht sicher kennen, wissen wir wenigstens, was beim Gähnen physiologisch passiert. Es wird vom Hypothalamus und dort insbesondere vom Nucleus paraventricularis zentral gesteuert. Dieser Bereich des Gehirns reguliert viele automatische Körperfunktionen, darunter auch Atmung, Schlaf-Wach-Rhythmus und Körpertemperatur. Während des Gähnens öffnet sich der Mund weit, und wir atmen tief ein. Dies verstärkt die Sauerstoffzufuhr und erhöht die Belüftung der Lunge. Gleichzeitig steigt meist kurzzeitig die Herzfrequenz.

Beim Gähnvorgang sind viele Muskeln beteiligt, darunter die Gesichtsmuskeln (besonders die des Kiefers), die Zungenmuskulatur und die Muskeln des Rachenraums. Oft streckt man sich beim Gähnen unbewusst, was zusätzlich Muskeln in den Armen und dem Oberkörper aktiviert. Verschiedene Neurotransmitter wie Dopamin, Serotonin und Acetylcholin sind am Gähnen beteiligt. Sie beeinflussen Wachsamkeit, Emotionen und die Regulation des Schlaf-Wach-Rhythmus. Gähnen kann also ebenfalls durch Änderungen im neurochemischen Gleichgewicht des Gehirns ausgelöst werden.

Warum schickt uns das Immunsystem, wenn wir krank sind, so früh ins Bett?

Wenn bei andauerndem Stress ständig Cortisol ausgeschüttet wird, schwächt das unser Immunsystem, denn das Stresshormon verhindert dann, dass Immunzellen sofort aktiv werden. Bakterien und Viren nutzen jetzt ihre Chance zum Angriff. Die Infektion macht uns müde und erschöpft. Das Immunsystem mobilisiert all unsere Energie, um effektiv zu arbeiten, um Immunzellen zu produzieren und zu aktivieren, Entzündungsreaktionen einzuleiten und Krankheitserreger zu bekämpfen. Diese Prozesse erfordern viel Energie, die nun nicht für andere Aktivitäten wie körperliche Bewegung oder mentale Aufgaben zur Verfügung steht. Die Umleitung dieser Energie (»Energieumleitung«) führt zu dieser ausgeprägten Müdigkeit, die uns früh schlafen lässt.

Während das Immunsystem aktiv ist, setzt es Zytokine frei, um Entzündungsreaktionen zu fördern und die Immunantwort zu regulieren. Einige dieser Zytokine, insbesondere Interleukin-1

(IL-1), Interleukin-6 (IL-6) und Tumor-Nekrose-Faktor-alpha (TNF-α), haben direkte Auswirkungen auf das Gehirn und das zentrale Nervensystem. Auch sie verursachen Müdigkeit und Schläfrigkeit, indem sie den Schlaf-Wach-Rhythmus beeinflussen und das Bedürfnis nach Ruhe erhöhen.

Vor allem TNF-α scheint dabei eine große Rolle zu spielen. Das Protein wird von Immunzellen produziert, um Entzündungsreaktionen im Körper auszulösen. Es dämpft die Aktivität einiger Gene im Gehirn, die unseren normalen Schlaf- und Wachrhythmus steuern und kontrollieren. Diese Gene werden zwar während einer Infektion weiterhin im gewohnten Rhythmus an- und abgeschaltet, laufen jedoch im aktiven Zustand nur noch mit halber Kraft. Viele Patienten mit chronischen, entzündlichen Erkrankungen (Rheuma etc.) weisen höhere TNF-α-Konzentrationen im Blut auf und leiden häufig an starker Erschöpfung. Nun könnte man in diesen Fällen auf die Idee kommen, diesen Botenstoff abzufangen. Bei den chronisch betroffenen Menschen jedoch ist dies leider auch keine gute Antwort, denn dadurch würde ihr Immunsystem zu stark geschwächt.

Die Müdigkeit während einer akuten Immunantwort hat also grundsätzlich eine wichtige schützende Funktion. Indem der Körper uns zur Ruhe zwingt, fördert er die Heilung und Erholung. Schlaf ermöglicht dem Körper, Energie zu sparen und die Regeneration von Gewebe und Zellen zu unterstützen. Während des Schlafs werden verschiedene immunologische Prozesse verstärkt, was dazu beiträgt, die Abwehrkräfte zu stärken.

Damit der Körper seine Ressourcen auf die Bekämpfung von Krankheitserregern konzentrieren kann, sollten wir gerade bei Infekten eine längere Sportpause einlegen. Falls wir eine erhöhte Körpertemperatur oder gar Fieber haben, ist sportliche

Aktivität sowieso völlig kontraindiziert. Wir würden damit nicht nur die Arbeit des Immunsystems stark beeinträchtigen, sondern es bestünde zusätzlich die Gefahr, dass wir unsere inneren Organe schädigen. Sportler haben genau deswegen große Angst vor einer Entzündung des Herzmuskels, die nicht selten als gravierende Komplikation durch zu frühes Training bei noch nicht ausgestandener Infektion auftritt.

Im Fall von akuten Infektionen ist diese vorübergehende Müdigkeit also durchaus sinnvoll und hilft dem Körper, sich besser zu erholen. Bei chronischen Entzündungsreaktionen wie Multipler Sklerose, Rheuma oder auch bei Long Covid ist die Dauermüdigkeit (Fatigue) jedoch ein echtes Problem: Sie beeinträchtigt die Lebensqualität massiv, und leider gibt es dagegen bisher noch keine wirklich brauchbare Therapie oder Strategie.

Erschöpfung – vorher nicht hingehört

Müdigkeit und Erschöpfung werden in unserem Sprachgebrauch oft synonym verwendet, obgleich sie völlig unterschiedliche Zustände beschreiben. Beides sind zunächst ganz natürliche Reaktionen des Körpers, aber sie unterscheiden sich gravierend in ihrer Intensität, in ihren Ursachen und Auswirkungen. Der Körper sendet jeweils unterschiedliche Signale aus – und diese sollten wir ernst nehmen.

Erschöpfung ist ein viel tiefer gehender Zustand als Müdigkeit. Damit reagiert unser Körper meist auf längere oder intensivere Belastungen ohne entsprechende Regenerationsphase. Erschöpfung kann sowohl körperlich, emotional als auch mental sein und erfordert meist eine deutlich längere Zeit der Erholung, des Runterkommens und Abschaltens. Die typischen Merkmale von Erschöpfung sind eine tiefe Antriebslosigkeit, häufig kombiniert mit Reizbarkeit, Muskelschwäche, Konzentrations- und Gedächtnisproblemen und einem ständigen Gefühl der Überforderung. Die Ursachen sind vielfältig, aber meist liegt eine geistige und emotionale Überforderung mit fehlenden Pausen und sozialen Konflikten zugrunde.

Physiologisch betrachtet entsteht eine Erschöpfung fast immer primär durch eine chronische Aktivierung der Hypothalamus-Hypophysen-Nebennieren-Achse (HPA-Achse). Dadurch kommt es zu einem dauerhaft erhöhten Cortisolspiegel, und das Immunsystem sowie die Energieproduktion werden beeinträchtigt. Parallel entstehen oft chronische, niederschwellige Entzündungen, die den Zustand der Erschöpfung noch verstärken. Der Schlafmangel, der damit meist einhergeht, beeinträchtigt direkt die Erneuerung von Zellen und damit auch deren Leistungsfähigkeit.

Unterschied zwischen Müdigkeit und Erschöpfung

Merkmal	Müdigkeit	Erschöpfung
Intensität	leicht, reversibel durch Schlaf	tief, erfordert längere Erholung
Dauer	kurzfristig	langfristig
Hauptursache	alltägliche Belastung	Überlastung (körperlich/mental)
Begleiterscheinungen	Schlafbedürfnis	Schwäche, Reizbarkeit, Überforderung
Körperliche Reaktion	reduziertes Energielevel	Dysfunktion im Stress- und Immunsystem

Müdigkeit ist also immer ein Hinweis, dass Körper und Geist Ruhe benötigen, während Erschöpfung ein ernst zu nehmendes Signal von Überlastung und Überforderung ist. Bei Müdigkeit gilt es daher primär, den Schlafrhythmus wieder zu stabilisieren, sich gesund zu ernähren, sich viel zu bewegen und Tageslicht zu tanken. Bei Erschöpfung müssen die Ursachen analysiert und die Belastungen unmittelbar vermindert werden. Regeneration und Erholung brauchen mehr Zeit. Eine ärztliche oder psychotherapeutische Unterstützung ist in vielen Fällen sinnvoll.

Burn-out: Entgleiten der Selbstwahrnehmung

Reagieren wir weder auf Müdigkeit noch auf Erschöpfung mit Gegenmaßnahmen und sorgen immer noch nicht für nachhaltige Erholung und Regeneration, löst unser Körper den Notruf aus: Burn-out. Nichts geht mehr! Die Barmer Ersatzkasse spricht in ihrem Bericht von 2024 davon, dass rund 37 Prozent der Arbeitnehmer und Arbeitnehmerinnen in Deutschland geschlechterübergreifend erste Burn-out-Symptome zeigen. Sie manifestieren sich oft bis zu Veränderungen der kognitiven, emotionalen und sogar sensorischen Wahrnehmung. Die Betroffenen verstehen sich selbst nicht mehr und nehmen sich dementsprechend nicht realitätsnah wahr.

Erste Symptome einer gestörten kognitiven Wahrnehmung sind umfassende Konzentrationsprobleme sowie Schwierigkeiten, Informationen sachgerecht und rasch zu bearbeiten. Aufgaben oder Situationen werden verzerrt wahrgenommen und immer öfter als unüberwindbar empfunden. Typisch ist auch der sogenannte »Tunnelblick«, der nur noch Einzelaspekte erfasst und das große Ganze nicht mehr erkennen kann.

Störungen der emotionalen Wahrnehmung zeigen sich vor allem in einer Überempfindlichkeit gegenüber Kritik oder negativen Emotionen. Häufig werden Situationen als bedrohlicher oder belastender empfunden, als sie tatsächlich sind. Auf der anderen Seite sind die Betroffenen nur noch auf sich selbst bezogen und entfremden sich oder stumpfen ab gegenüber Personen und Ereignissen, die ihnen früher wichtig waren.

Überempfindlichkeit gegenüber Lärm, Licht oder anderen intensiven Reizen charakterisiert eine Störung der sensorischen Wahrnehmung, die häufig begleitet ist von körperlichen Symptomen wie Schwindel, Benommenheit oder dem Gefühl, »neben sich zu stehen«. Oft kommen Veränderungen in der Raum- oder Zeitwahrnehmung hinzu, wie das Gefühl, dass die Zeit extrem langsam oder rasend schnell vorbeigeht.

Aus alldem ergeben sich weitreichende Probleme, soziale Kontakte und Konflikte zu sehen und zu interpretieren. Das führt häufig dazu, dass die Betroffenen sich vollständig zurückziehen.

Ursache für diese Entwicklung ist in erster Linie chronischer Stress, der zu einer starken Überaktivierung des sympathischen Nervensystems führt – und das beeinträchtigt direkt die Wahrnehmungsfähigkeit. Bei chronischem Stress ist das Stresshormon Cortisol dauerhaft präsent und beeinträchtigt zusätzlich die Funktionen des Gehirns und der Sinne. Es kommt zu einer mentalen Erschöpfung durch Reizüberflutung, weil das Gehirn nicht mehr in der Lage ist, Informationen und Reize effizient zu filtern. Ein dauerhaftes Schlafdefizit verschärft die Wahrnehmungsprobleme, weil sich das Gehirn nicht mehr ausreichend regenerieren kann.

Aus dieser Situation kommen Betroffene nur durch einen »betreuten Reset« heraus. Regelmäßige Pausen, ausreichend

Schlaf, Regeneration und Entspannung stellen die Grundlage dar und müssen als Basis aller Maßnahmen dringend hergestellt werden. Eine psychotherapeutische Behandlung durch kognitive Verhaltenstherapie, um verzerrte Wahrnehmungen zu korrigieren, ist ebenso nötig wie ein umfassendes Stressmanagement mithilfe von Techniken wie Meditation, Atemübungen, Achtsamkeitstraining, die alle helfen, die verschiedenen Elemente der Wahrnehmung zu stabilisieren. Nur in ganz schweren Fällen ist eine medikamentöse Behandlung oder eine neurologische Untersuchung notwendig.

Viel besser ist es natürlich, es gar nicht so weit kommen zu lassen und im Sinne einer frühzeitigen Prävention auf die ersten Anzeichen zu reagieren, um einen Burn-out zu vermeiden. Nehmen Sie frühzeitige Warnsignale wie Konzentrationsstörungen oder emotionale Schwankungen unbedingt ernst und steuern Sie rechtzeitig gegen. Regelmäßige Selbstfürsorge, Achtsamkeit sowie eine klare Trennung zwischen Berufs- und Privatleben sind entscheidende Maßnahmen, um langfristig gesund zu bleiben. Nutzen Sie Bewegung und Sport, denn sie wirken psychophysisch regulativ.

2024 veröffentlichten Dr. Katja Kauczor-Rieck und Kolleginnen vom Universitätsklinikum des Saarlandes dazu eine Studie und konnten eindrucksvoll belegen, dass Sport und Bewegung das wichtigste und beste Medium sind, um bei dieser Problemlage schnelle Effekte herbeizuführen. Wichtig ist dabei aber, dass es nicht um noch schnellere Zeiten für den Marathon geht, sondern dass die körperliche Aktivität so ausgeführt wird, dass sie stressfrei ist und zu emotionaler Ausgeglichenheit führt. Wenn man über den Sport ausgleichend wirken möchte, gilt: In der Ruhe liegt die Kraft.

Vernebelt und verzerrt: Alkohol, Cannabis & Co.

Erinnern Sie sich an Ihren letzten feuchtfröhlichen Abend: Sie artikulierten sich etwas seltsam und standen nicht mehr ganz so sicher auf Ihren Beinen. Ihre Bewegungskontrolle war verloren gegangen, und auch ansonsten waren Sie in Ihrer Wahrnehmung ziemlich beeinträchtigt. Woran liegt das? Alkohol und andere Drogen wie Cannabis und sonstige psychoaktive Substanzen beeinflussen unsere Wahrnehmung direkt, denn sie greifen in das zentrale Nervensystem ein und verändern die Verarbeitung von Sinneseindrücken. Dieser Einfluss beruht auf der Wechselwirkung zwischen den zugeführten Substanzen und dem Neurotransmittersystem unseres Gehirns. Die Folgen können fatal sein, besonders wenn Betrunkene oder Gedopte ein Auto fahren. So ist zum Beispiel das Risiko, nach Cannabiskonsum einen tödlichen Verkehrsunfall zu erleiden, um 78 Prozent höher als ohne. Laut aktueller US-amerikanischer Statistik sind etwa 2,5 bis 3 Prozent aller tödlichen Verkehrsunfälle durch Cannabis verursacht. Bei Alkoholkonsum ist die Verkehrstauglichkeit sogar noch deutlicher eingeschränkt.

Wenn gar Alkohol und Cannabis miteinander konsumiert werden, wirkt sich das noch viel gravierender aus. Ein US-amerikanisches Forschungsteam um Dr. Marilyn Huestis von der University of Iowa führte 2015 einen Test in einem Fahrsimulator durch, um sowohl die Wirkung von Alkohol und Cannabis einzeln als auch den Mischkonsum der Substanzen auf die Fahrtüchtigkeit zu untersuchen. Die Probanden saßen dafür in einem Fahrsimulator, der auf beweglichen Stelzen fixiert war, sodass sie das Gefühl hatten, wirklich zu fahren. Vor Beginn des Tests konsumierten sie entweder nur Alkohol, nur

Cannabis, beides zusammen oder ein Placebo. Jeweils 45 Minuten mussten die 18 Testpersonen eine ganz bestimmte Route fahren.

Gemessen wurde, wie sie die Spur halten konnten und wie sie den Abstand zum vorausfahrenden Fahrzeug einschätzten. Es zeigten sich eindeutige Veränderungen im Fahrverhalten bei beiden Stoffen. Testpersonen unter dem Einfluss von Alkohol fuhren viel schneller und hielten weniger Abstand als jene mit Cannabis, die eher ein vorsichtiges Fahrverhalten zeigten. Das klingt so, als ob Cannabis sich positiv auf das Verkehrsverhalten auswirken könnte, aber den Cannabiskonsumenten fiel es extrem schwer, ihre Fahrspur zu halten. 0,8 µg THC (Tetrahydrocannabinol ist der Hauptwirkstoff von Cannabis) pro Liter Blut entsprach in etwa den Ausfallerscheinungen von 0,5 Promille Alkohol. Beim kombinierten Konsum von Alkohol und Cannabis addierten sich die Effekte sogar! Das bedeutet, wer zusätzlich zum Joint Alkohol trinkt, zeigt die größten Fahrfehler.

Alkohol trübt die Sinne

Alkohol wirkt primär auf das sogenannte GABA-System (Gamma-Aminobuttersäure), einen hemmenden Neurotransmitter. Alkohol verstärkt die GABA-Aktivität, sodass die Erregbarkeit der Neuronen gedämpft wird. Gleichzeitig hemmt er die Glutamatrezeptoren, die normalerweise erregend wirken würden. Parallel beeinflusst Alkohol das Belohnungssystem, denn er steigert die Freisetzung von Dopamin, das Gefühle von Euphorie und Entspannung erzeugt. Diese Prozesse bewirken kognitive Verzerrungen, darunter eine Beeinträchtigung der Entscheidungsfindung und vor allem des Urteilsvermögens. Gleichzeitig wird die Fähigkeit reduziert, Kontraste wahrzunehmen, und auch die Reaktionszeit verlangsamt sich. Die Bewegungssteuerung und das Gleichgewicht werden durch die Beeinträchtigung des Kleinhirns teilweise massiv gestört.

Alkohol wird direkt in der Leber durch das Enzym Alkoholdehydrogenase abgebaut. Etwa 0,1 bis 0,2 Promille pro Stunde können durchschnittlich abgebaut werden. Die Dauer hängt von der konsumierten Menge, dem Körpergewicht und auch der Funktionskapazität der Leber ab. Außerdem spielt das Geschlecht eine wichtige Rolle: Durch die andere Körperzusammensetzung benötigt der weibliche Organismus deutlich länger, um die gleiche Menge Alkohol abzubauen. Ein paar Stunden reduzierte beziehungsweise gestörte Wahrnehmung können schon die Folge eines durchzechten Abends sein.

Cannabis – emotional gefährlich

Cannabis wirkt über seinen Hauptwirkstoff THC auf die Cannabinoid-Rezeptoren CB1 und CB2 im Gehirn. Speziell die CB1-Rezeptoren sind stark im Hippocampus (Gedächtnis), im Kleinhirn (Bewegungskoordination) und in der Großhirnrinde (kognitive Funktionen) vertreten. Sie beeinflussen Motorik, Verstand, Kurzzeitgedächtnis, Appetit und Schmerzwahrnehmung. Außerdem erhöht THC die Freisetzung von Dopamin, wodurch Entspannung und Euphorie eintreten.

Für die Konsumenten ergibt sich daraus, dass häufig die Zeit viel langsamer wahrgenommen wird. Farben, Musik oder Gerüche erscheinen intensiver, weil das Gehirn sensorische Reize viel stärker verarbeitet. Viele Sinneseindrücke werden also verschärft. Dagegen wird durch die Wirkung von THC auf den Hippocampus die Gedächtnisleistung kurzfristig mehr oder weniger stark beeinträchtigt. Nicht selten treten bei hohen Dosen durch eine Überaktivierung des limbischen Systems Angstzustände und Paranoia auf.

Die THC-Halbwertszeit beträgt für akute Wirkungen etwa ein bis zwei Tage, jedoch bleibt das THC im Fettgewebe der Konsumenten etwa 1 bis 30 Tage je nach Konsumhäufigkeit und Dosis nachweisbar.

Andere Drogen

Alle Formen von Drogen beeinflussen die Wahrnehmung direkt, denn sie verändern die Kommunikation zwischen Nervenzellen im Gehirn. Die Art der Wirkung hängt von der Substanz, der Dosis und der individuellen Physiologie ab. Während einige Substanzen wie Alkohol primär dämpfend wirken, verändern andere wie Cannabis oder Halluzinogene die Verarbeitung der sensorischen Reize und auch das Zeitgefühl:

- **Stimulanzien wie Kokain und Amphetamine** erhöhen die Konzentration von Neurotransmittern wie Dopamin, Serotonin, Adrenalin im synaptischen Spalt. Dadurch werden die Wachsamkeit und Konzentrationsfähigkeit erhöht. Aber sie können auch die Wahrnehmung schwer stören bis hin zu Halluzinationen. Die Abbauzeit von Kokain beträgt wenige Stunden. Seine Metaboliten (Abbauprodukte im Stoffwechsel) bleiben jedoch bis zu drei Tage nachweisbar.
- **Halluzinogene wie LSD und Psilocybin** wirken direkt auf das Serotoninsystem, insbesondere auf den 5-HT2A-Rezeptor. Da verursachen sie visuelle und auditive Halluzinationen sowie eine komplett veränderte Selbstwahrnehmung. LSD hat eine Halbwertszeit von etwa drei bis fünf Stunden, die Effekte können jedoch bis zu zwölf Stunden anhalten.
- **Sedativa wie Benzodiazepine und Barbiturate** verstärken die Wirkung von GABA (siehe oben) und wirken beruhi-

gend. Sie reduzieren die sensorische Empfindlichkeit und führen eher zu Schläfrigkeit. Benzodiazepine haben je nach Wirkstoff Halbwertszeiten von wenigen Stunden bis zu einigen Tagen.

Mithilfe der AFFERENZ den KÖRPER neu ENTDECKEN

Nach der Implantation eines künstlichen Kniegelenks oder Schultergelenks leiden die normale Bewegungskontrolle und selbst die Haltung massiv darunter. Ein noch größeres Problem ist jedoch, dass durch so eine Operation die Sensomotorik der gesamten Extremität gestört oder sogar nachhaltig geschädigt wird. Es kommt häufig nicht nur zu einer Durchtrennung von Muskulatur, sondern vor allem auch zur Störung der Tiefensensibilität bis hin zu einer Schädigung der kompletten Afferenz. Nervengewebe wird zerstört, Sensoren wie Mechanorezeptoren werden ausgeräumt, und somit ist der gesamte Wahrnehmungsprozess beeinträchtigt. Das können Sie sich sicher gut vorstellen, eventuell haben Sie es sogar selbst erlebt.

Was Sie vermutlich nicht gedacht hätten: In abgeschwächter Form findet sich dieses Phänomen auch bei allen inaktiven Menschen. Denn Afferenz und Efferenz bauen sich immer nur dann auf und arbeiten im Zusammenspiel, wenn sie genutzt und eingesetzt werden. Schonung, Bewegungsmangel, degenerative Prozesse, Verletzungen und Operationen führen immer zu einem Verlust der Qualität der Sensomotorik. Aber genau wie nach einem Knochenbruch oder einer Gelenkoperation kann unser Organismus durch regelmäßiges Üben diese Fähigkeiten wiedererlangen.

In der Rehabilitation nach einer Gelenkoperation oder bei anderen Erkrankungen hat sich das sensomotorische Training in den letzten 20 bis 30 Jahren als Schlüssel zum Erfolg herausgestellt. Dabei werden die Wahrnehmung geschult, die Verarbeitung und Umsetzung sensorischer Informationen wieder erlernt und angemessene Bewegungshandlungen ausgeführt. Sensorik und Motorik werden also zusammengeführt.

Der Regelkreis von Afferenz und Efferenz steht dabei im Mittelpunkt des Lernens und beginnt immer mit dem Aufbau des afferenten Sets, bei dem die Tiefensensibilität des Körpers entwickelt wird. Die Sensoren der Propriozeption sind insbesondere zu Beginn des Bewegungslernens bedeutend. Erst wenn wir die Sprache des Körpers wieder verstehen, werden wir nämlich in der Lage sein, entsprechend angemessene Bewegungen oder gar komplexe Handlungen auszuführen.

Die Wahrnehmung der Tiefensensibilität erfolgt dazu über die Sensoren der Propriozeption, deren afferente Zuflüsse mit den motorischen Kopien der Efferenz im aktuell existierenden sensorischen Nervensystem verglichen und verarbeitet werden. Daraus ergibt sich (hoffentlich) ein Lernprozess, der anschließend zu einer Optimierung von Stellungs-, Bewegungs- und Kraftsinn führt. Dabei werden Informationen von den Sensoren des Gleichgewichtsorgans zusammen mit den Informationen der Tiefensensibilität zur Wahrnehmung des Körpers auch im Raum verknüpft. Bei der Schulung der Sensomotorik wird also zunächst immer die Sensibilität für die eigene Tätigkeit, Bewegung oder die eigene Haltung entwickelt. Wenn diese Sensibilität durch ein Verständnis der Afferenz und damit der Stimmen aus der Tiefe des Körpers gedeutet werden kann, werden diese anschließend in entsprechende (efferente) Veränderungs-

oder Handlungsimpulse umgesetzt. Entscheidend ist daher, die aktuelle Situation bewusst zu erleben und zu analysieren, zu vergleichen, zu kontrollieren und zu verbessern.

Neuroathletik – das Training der Zukunft?

Je besser eine Bewegung stattfinden kann, umso ökonomischer ist sie, umso weniger Energie wird verbraucht, umso zielgerichteter und effektiver kann die Muskulatur für die Bewegung eingesetzt werden – und umso höher ist die Chance, beim Sport die persönliche Bestleistung zu erbringen. Jede Bewegung und jede Körperstellung stellt an unser ZNS gewisse Anforderungen. Auf dieser Annahme basiert der neue sportwissenschaftliche Ansatz der Neuroathletik (NAT). Bewegungsqualität wird also nicht nur durch die großen Themen Kraft und Ausdauer, sondern insbesondere auch durch die im Hintergrund ablaufenden neurophysiologischen Vorgänge geprägt. Die Neuroathletik soll die Funktionalität des zentralen Nervensystems verbessern, um die Bewegungsqualität zu optimieren und um den Einfluss von »Gefahrenfiltern« im ZNS zu reduzieren. (Das Gehirn glaubt, potenzielle Gefahren herauszufiltern, und reagiert zum Schutz mit suboptimalen Bewegungen, die die Leistung mindern.)

Dafür werden Erkenntnisse aus der Neurowissenschaft mit Methoden des Trainings verknüpft. Im Mittelpunkt steht die Einbindung der sensorischen Systeme, wie Sehen, Gleichgewicht und Propriozeption, in die zu erlernenden Bewegungen. Allerdings ist wissenschaftlich bisher noch nicht ausreichend nachgewiesen, ob das funktioniert.

In der Praxis werden dafür aktuell zunächst die Bewegungsmuster für die jeweilige sportliche Tätigkeit analysiert, um ineffiziente oder fehlerhafte Bewegungen aufzuspüren. Dann werden gezielt spezielle Wahrnehmungssysteme aktiviert und trainiert: So werden für das visuelle System Augenübungen angewandt, um die Augenbeweglichkeit und -koordination zu verbessern. Für das vestibuläre System, also ein besseres Gleichgewicht, werden die Körperhaltung und -stabilität herausgefordert, um sowohl Muskelaktivität als auch die Tätigkeit des Innenohrs anzuregen. Dabei gehören auch seltsam anmutende Übungen wie Zungenkreisen oder Atemübungen zum Aktivieren des Vagusnervs, Schielen und Übungen mit einer Lochbrille oder Augenklappe zum Repertoire. Anschließend werden diese neuen Kompetenzen in die Bewegungen der jeweiligen Sportart integriert.

Für die Sportler ergeben sich dadurch eine Steigerung von Kraft, Schnelligkeit, Ausdauer und Koordination, ein besseres Körperbewusstsein und stabilere Bewegungsmuster. Das verbessert nicht nur die Leistungen, sondern verringert auch das Risiko von Verletzungen. Zudem können damit Schmerzen behandelt werden, die durch fehlerhafte neuronale Prozesse oder eine schlechte Bewegungsqualität und die dadurch verursachte Überbelastung entstanden sind, wie Golfer- oder Tennisellenbogen. Auch in der Fußball-Bundesliga werden diese Verfahren eingesetzt, um die Leistungsfähigkeit der Spieler und insbesondere auch die Wahrnehmungsfähigkeit der Torhüter zu verbessern.

Neuroathletik ist aber nicht nur ein Thema im Bereich des Spitzensports, sondern gerade auch für den Breitensport böte es sich an, um die Bewegungsausführung zu verbessern und damit Verletzungen vorzubeugen. Gute Dienste würde diese Intervention auch in der Rehabilitation von Patienten mit neurologischen oder orthopädischen Problemen leisten, zum Beispiel nach Operationen oder Unfällen, um alte Bewegungsmuster wieder hervorzurufen oder um neue zu erlernen. Bei dieser Methode sollen nicht nur die Symptome, Probleme und Krankheiten behandelt werden, sondern man möchte damit auf die zugrunde liegenden neuronalen Ursachen zurückgehen.

Training der Sinne

Wir können unsere Sinne durch verschiedene Übungen und Praktiken trainieren und schärfen. Das führt zu einer besseren Wahrnehmung und einem gesteigerten Bewusstsein für die Umwelt. Manches können Sie einfach zwischendurch in Ihren Alltag einbauen.

Sehen – visueller Sinn

Augenübungen: Regelmäßige Augenübungen wie das Fokussieren auf nahe und ferne Objekte können die Augenmuskeln stärken.

Detailbeobachtung: Genaues Hinschauen, wie das Betrachten von Kunstwerken oder das Beobachten von Naturdetails, kann die visuelle Wahrnehmung verbessern.

Augenentspannung: Regelmäßige Pausen und Entspannungsübungen für die Augen können deren Ermüdung verringern.

Hören – auditiver Sinn

Musiktraining: Instrumente zu spielen oder Musik zu hören und dabei bewusst auf verschiedene Töne und Melodien zu achten, kann das Gehör schärfen.

Hörbücher: Geschichten anzuhören und darin Details und Tonalitäten zu erkennen, verbessert das auditive Gedächtnis und die Verarbeitung des Gehörten.

Stille Wahrnehmung: Zeit in ruhigen Umgebungen zu verbringen und bewusst auf leise Geräusche zu achten, erhöht die auditive Sensibilität.

Riechen – olfaktorischer Sinn

Dufttraining: Verschiedene Düfte zu identifizieren und zu benennen, wie ätherische Öle oder Gewürze, kann den Geruchssinn verfeinern.

Geruchsdetektiv: Nehmen Sie Gerüche in der Umgebung bewusst wahr und versuchen Sie, ihre Quellen zu identifizieren.

Geruchsgedächtnis: Sich an verschiedene Gerüche erinnern und sie mit Erfahrungen oder Objekten verknüpfen.

Schmecken – gustatorischer Sinn

Geschmacksmeditation: Lebensmittel langsam und bewusst essen, dabei auf verschiedene Geschmacksrichtungen achten.

Sensorische Verkostungen: Verschiedene Lebensmittel oder Getränke bewusst verkosten und Unterschiede in Geschmack, Textur und Aroma analysieren.

Neue Geschmacksrichtungen: Probieren Sie ungewohnte oder neue Lebensmittel, um den Geschmackssinn zu erweitern.

Tasten – somatosensorischer Sinn

Texturen fühlen: Verschiedene Oberflächen und Materialien mit den Händen erkunden und ihre Eigenschaften bewusst wahrnehmen.

Feinmotorikübungen: Aktivitäten wie Zeichnen, Schreiben oder das Spielen eines Instruments können die taktile Wahrnehmung und Feinmotorik verbessern.

Barfuß laufen: Auf verschiedenen Untergründen barfuß zu laufen, erhöht die taktile Sensibilität der Füße.

Gleichgewichtssinn – vestibulärer Sinn

Gleichgewichtsübungen: Yoga, Tai-Chi oder spezielle Gleichgewichtsübungen können den vestibulären Sinn stärken.

Vielfältige Bewegungserfahrung: Aktivitäten wie Tanzen, Klettern oder Balancieren auf einem Schwebebalken können das Gleichgewicht und die Körperkoordination verbessern.

Propriozeption – Tiefensensibilität

Koordinationsübungen: Übungen, die die Körperkoordination fördern, wie das Balancieren auf einem Bein oder das Verwenden von Balance-Boards.

Krafttraining: Muskelstärkende Übungen können die propriozeptive Wahrnehmung und die Kontrolle über die Bewegungen verbessern.

Augen zu: Bewegungsabläufe mit geschlossenen Augen durchführen, um die Körperwahrnehmung ohne visuelle Hilfsmittel zu trainieren.

Nachwort

Wie eng unser Nervensystem mit unserem ganzen Leben verzahnt ist, wollte ich Ihnen in diesem Buch zeigen und vor allem auch, wie wichtig die innere Balance aller sensorischen und biochemischen Vorgänge in unserem Körper für unsere Gesundheit ist. Diese Homöostase ist ein Garant für Vitalität und Wohlbefinden – das möchte unser Organismus und das möchten auch wir. Sie haben gelesen, dass uns der Körper immer signalisiert, wenn etwas nicht rundläuft.

Jetzt ist es an Ihnen, diese Signale wahrzunehmen und umzusetzen. Vielleicht hat sich Ihre eigene Körperwahrnehmung schon ein wenig verändert, während Sie das Buch gelesen haben. Vielleicht haben Sie ein kleines Ziehen hier oder ein winziges Zwicken da wahrgenommen, das Ihnen sonst nicht aufgefallen oder nicht der Rede wert gewesen wäre, und darauf reagiert? Das würde mich sehr freuen! Schließlich ging es mir beim Schreiben nicht zuallererst um Wissensvermittlung. Es ging und geht mir immer vor allem darum, Sie anzuregen, Ihr Leben und Ihren Lebensstil so zu führen, dass Sie sich zufrieden und gesund fühlen. Das Wissen um die Zusammenhänge dient nur als Hintergrundwissen und als Basis für Veränderungen in Ihrem Leben, die für mehr Vitalität und Wohlbefinden notwendig sein könnten.

Dank

Bei jedem neuen Buch von mir stehen immer zwei Personen etwas im Hintergrund, denen ich an dieser Stelle aber noch einmal ganz besonders danken möchte. Zum einen ist dies Ulrike Schöber, die es seit vielen Jahren bei all meinen Büchern immer wieder schafft, aus meinen manchmal etwas »wirren und professoralen« Gedanken und Niederschriften lesbare und verständliche Sätze und Kapitel zu machen. Das ist großartig, und ohne sie wären meine Bücher auch niemals so erfolgreich.

Zusätzlich möchte ich Alexandra Krishnabhakdi danken, die mich offen und vertrauensvoll in ihr Autorenteam vom Ullstein-Verlag aufgenommen hat, woraus in den letzten Jahren tolle und erfolgreiche Bücher und Bestseller unter ihrer kompetenten Führung entstanden sind. Wir finden gemeinsam kreativ und manchmal auch spontan neue Ideen und bringen mit viel guter Laune neue, spannende Bücher auf den Markt!

Danke euch beiden!!

Literaturverzeichnis

Aman, J. E. et al.: The effectiveness of proprioceptive training for improving motor function: a systematic review. *Front Hum Neurosci*, 8, 1075, 2014. Doi:10.3389/fnhum.2014.01075.

Aus, David: *The End of Illness*. Free Press, 2011.

Bajwa, H. et al.: Physiology, Vibratory Sense. 2021 May 9. In: StatPearls (Internet). Treasure Island (FL): StatPearls Publishing; 222. Jan. –. PMID: 31194428.

Barkley et al.: Reach adaptation and proprioceptive recalibration following terminal visual feedback of the hand, in: *Frontiers in Human Neuroscience*, 8, 705, 2014.

Bartels, Rut et al.: *Physiologie*. Elsevier, 2004.

Bartlett et al.: Effect of warming up on knee proprioception before sporting activity. *Br J Sports Med*. Doi:10.1136/bjsm.26.2.132, 2002.

Bear, Mark et al.: *Neurowissenschaften*. Spektrum Verlag, 2009.

Bell, Jonathan et al.: The structure and function of Pacinian corpuscles: A review, *Progress in Neurobiology*, 1994.

Braun, Jörg et al. (Hrsg.): *Basislehrbuch Innere Medizin*. Urban & Fischer, 2022.

Butler, David et al.: *Schmerzen verstehen*. Springer, 2009.

Cobo, R. et al.: Verification and characterisation of human digital Ruffini's sensory corpuscles. *J Anat.*, 2021.

Cug, M. et al.: The effect of instability training on knee joint proprioception and core strength. *Journal of Sports Science and Medicine*, 11, 468–477, 2012.

Egle, Ulrich et al.: *Psychosomatik*. Kohlhammer, 2024.

El Andaloussi et al.: Extracellular vesicles: biology and emerging therapeutic opportunities. *Nature Reviews Drug Discovery*, 12(5), 347–357, 2013.

Enck, Paul: *Darm an Hirn – der geheime Dialog unserer beiden Nervensysteme*. Herder, 2019.

Ertl, Georg et al.: *Referenz Kardiologie*. Thieme, 2024.

Feldmann-Barrett, Lisa: *Wie Gefühle entstehen*. Rowohlt, 2023.

Fermani, Federika et al.: Food and water intake are regulated by distinct central amygdala circuits revealed using intersectional. *Nature Communications*, online 29 March 2025, https://www.nature.com/articles/s41467-025-58144-3

Friedl, Reinhard: *Der Takt des Lebens*. Goldmann, 2019.

Froböse, Ingo: *Versteckte Krankheiten*. Graefe und Unzer, 2008.

Gieler, Uwe: *Die Sprache der Haut*. Patmos-Verlag, 2007.

Goldenberg, Georg et al.: *Neuropsychologie*. Urban & Fischer, 2024.

Gonzalez-Rodriguez, Patricia et al.: The hunger strikes back: an epigenetic memory for autophagy, Springer Nature, CDD Press, 2023.

Hacke, Werner (Hrsg.): *Neurologie*. Springer, 2016.

Halblinke, James: *If Our Bodies Could Talk*. Anchor Books, 2017.

Handler, A. et al.: The mechanosensory neurons of touch and their mechanisms of activation, *Nature Reviews Neuroscience*, 22(9), 521–537, 2021 https://doi.org/10.1038/s41583-021-00489-x

Hänsch, Carl-Albrecht (Hrsg.): *Das autonome Nervensystem*. Kohlhammer, 2022.

Hasler, Gregor: *Die Darm-Hirn-Connection*. Klett-Cotta, 2020.

Haughey, L.: Practical Proprioception: An Examination of a Core Physical Foundation for Physical Performance Training. Dissertation, University of Huddersfield, 2013, http://eprints.hud.ac.uk/18064/

Houk, J. C.: A viscoelastic interaction which produces one component of adaptation in responses of Golgi tendon organs. *Journal of Neurophysiology*, 30(6), 1482–1493, 1967.

Huggenberger, Stefan et al.: *Neuroanatomie des Menschen*. Springer, 2019.

Huang, Y. et al.: Recent advances in exosome-mediated drug delivery: *Journal of Biomedical Nanotechnology*, 17(1), 47–64, 2021.

Jänicke, Lutz: *Lehrbuch Kognitive Neurowissenschaften*. Hogrefe, 2024.

Kalluri, R. et al.: The biology, function, and biomedical application of exosomes. *Science*, 367 (6478), eaau6977, 2020.

Kandel, Eric et al.: *Neurowissenschaften: Eine Einführung*, 1995.

Kegel, Bernhard: *Epigenetik*. Demontage, 2021.

Kleine, Bernhard: *Hormone und Hormonsystem*. Springer, 2013.

Köhler, Lars. *Nervensystem Regulation*. Eigenverlag, 2024.

Lantzsch, Hanka et al.: *Fühl dich wie neugeboren*. Kneipp, 2024.

Liebermann, Daniel: *Exercised – The Science of Physical Activity, Rest and Health.* Penguin Books, o.J.

Liebermann, Daniel: *Unser Körper – Geschichte, Gegenwart, Zukunft.* S. Fischer Verlag, 2015.

Lienhard, Lars: *Training beginnt im Gehirn.* Riva, 2019.

Lohninger, Alfred: *Herzratenvariabilität.* Facultas, 2021.

Loewenstein, W. R. et al.: Components of receptor adaptation in a Pacinian corpuscle. *The Journal of Physiology,* 177, 377–397, 1965.

Luan, X. et al.: Engineering exosomes as refined biological nanoplatforms for drug delivery, *Acta Pharmaceutica Sinica* B, 7(5), 497–509, 2017.

Lüscher, Thomas et al.: *Herz-Kreislauf.* Springer, 2024.

Lüscher, Thomas (Hrsg.): *Magen-Darm-Trakt.* Springer, 2013.

Marani, Enrico et al.: Peripheral Nervous System Topics. In: Mai, J., Paxinos, G.: *The Human Nervous System* (Third Edition), Elsevier 2012.

Mai, J. K., et al.: *The Human Nervous System.* Academic Press, 2011.

Matejcik, Viktor et al.: *Peripheral Nervous System.* Springer, 2024.

Means, Casey: *Good Energy.* Thorsons, 2024.

Myers, D. G.: *Wahrnehmung, Psychologie.* Springer-Verlag, 2014.

Myers, T.: Dynamic Ligaments – Re-visioning the Fascia as a Body-wide Regulatory System, 2011.

Myers, T. W.: *Anatomic Trains,* China: Churchill Livingstone Elsevier, 2009.

Panics et al.: Effect of proprioception training on knee joint position sense in female team handball players. *Br J Sports Med,* 42(6), 472–476, 2008. Doi: 10.1136/bjsm.2008.046516.

Prgomet, Michael: *Lehrbuch der Psychosomatik,* Amazon, 2023.

Raposo, G. et al.: Extracellular vesicles: exosomes, microvesicles, and friends. *Journal of Cell Biology,* 200(4), 373–383, 2013.

Reizen, Michael et al.: *Du – eine Bedienungsanleitung.* Pendler Verlag, 2006.

Schleip, R. et al.: *Mechanotransduction: From the cellular level to the whole body. Textbook of Osteopathic Medicine,* München: Urban & Fischer, 2018, S. 119–125.

Schmeißer, Michael et al.: *Kurzlehrbuch Neuroanatomie.* Thieme, 2020.

Schmidt, Robert et al.: *Neuro- und Sinnesphysiologie.* Springer, 2006.

Sercombe, L. et al.: Advances and challenges of liposome-assisted drug delivery. *Frontiers in Pharmacology,* 6, 286, 2015.

Speckmann, Erwin-Josef et al.: *Physiologie.* Elsevier Verlag, 2019.

Schweitzer, Rudolf: *Endokrinologie mit Stoffwechsel.* Urban & Fischer, 2018.

Théry, C. et al.: Membrane vesicles as conveyors of immune responses. *Nature Reviews Immunology,* 9(8), 581–593, 2009.

Thews-Vaupel, Gerhard: *Vegetative Psychologie.* Springer, 2005.

Tiwari, Reena et al.: Analysis of Heart Rate Variability and Implication of Different Factors on Heart Rate Variability. *Current Cardiology Review,* 17(5), 2022.

Trepel, Martin: *Neuroanatomie.* Urban & Fischer, 2021.

Whyte, John: *Is This Normal?* Rodale, 2011.

Register